序　言

在女人们火热的聊天中，经常会听到这样一句话：某某女人真走运，某某女人真有福气。往往是诉说者不胜羡慕，倾听者也是期待满怀。

看看我们周围，或许有很多富家女、女强人，但真正幸福的女人并不多。那么，到底什么样的女人才是最有福气的女人呢？

好命的女人有福气，聪明的女人有福气，身心健康的女人有福气……总的来说，有福气的女人很独立，有福气的女人能赢得男人的喜欢，有福气的女人会经营家庭，等等。当然，这些道理谁都知道，可是该如何做，却不得而知。

一个朋友的个性签名十年如一日地写着：女人，请一定要幸福。她就是一个很幸福的小女人，幸福地恋爱、幸福地结婚、幸福地工作、幸福地经营着自己的小家庭，日子过得是有声有色，脸上满是幸福，这可遭到了周围不少女人的羡慕或者嫉妒。当然，她就是用这句话向别人"炫耀"自己的幸福，同时也是用这句话来告诫自己一定要抓住幸福，幸福是不能靠别人来施舍的，幸福是女人主动争取来的，不要成天幻想着天上掉个幸福的"馅饼"砸到你头上，这种几率为零。

任何女人都有追逐幸福的权利，而且也都希望自己幸福，但是幸福不是你期望它来它就会如你所愿，你是否能够拥有幸福，主要取决于你是否有决心去为之努力，如果没有使自己幸福的决心，又怎么会成为幸福的人呢？正如亚伯拉罕·林肯所说："人类的幸福指数与其决心程度成正比。"所以，想拥有幸福的人，还是需要时刻保持一颗追求幸福的心。

从现在开始，告诉自己：我要幸福，我就是一个幸福的女人。当然了，想安然地做个幸福的小女人，还是需要动动脑筋的，本书就是要告诉女人该如何做，才能成为人人羡慕的有福气的女人。

这本书没有其他同类书的故作高深，也没有哗众取宠，这本书就是实实在在地教女人如何才能实现天下女人共同的愿望——做一个有福气的女人。追求幸福的进程中难免会走很多弯路，而且无论生活还是爱情婚姻本身都是需要技巧的，技巧性和实用性是本书最大的特点。另外，对于人性的一些心理现象的描述，比如分析女性微妙的心理、挖掘男人的本性，于细微之处见真理，能让女人一下子豁然开朗，使女人能更快地找到幸福的捷径。

幸福女人的开运锦囊

好命的女人有福气,聪明的女人有福气,身心健康的女人有福气……总的来说,有福气的女人很独立,有福气的女人能赢得男人的喜欢,有福气的女人会经营家庭,等等。当然,这些道理谁都知道,可是该如何做,却不得而知。

赵海霞 \ 著

江西科学技术出版社

图书在版编目（CIP）数据

幸福女人的开运锦囊/赵海霞著. —南昌：江西科学技术出版社，2012.5（2013.4 重印）
ISBN 978 - 7 - 5390 - 4449 - 1
Ⅰ.①幸… Ⅱ.①赵… Ⅲ.①女性—幸福—通俗读物 Ⅳ.①B82 - 49
中国版本图书馆 CIP 数据核字（2013）第 066486 号

国际互联网（Internet）地址：http://www.jxkjcbs.com
选题序号：ZK2010138
图书代码：D11065 - 102

幸福女人的开运锦囊

赵海霞　著

出版发行	江西科学技术出版社	
社　　址	南昌市蓼洲街 2 号附 1 号	
	邮编：330009　电话：(0791) 86623491　86639342（传真）	
印　　刷	北京龙跃印务有限公司	
经　　销	各地新华书店	
开　　本	850mm×1168mm　1/16	
字　　数	180 千字	
印　　张	14.5	
版　　次	2015 年 11 月第 1 版第 3 次印刷	
书　　号	ISBN 978 - 7 - 5390 - 4449 - 1	
定　　价	28.80 元	

版权所有　侵权必究
（赣科版图书凡属印装错问，可向承印厂调换）

目 录

女人同样要有梦想和追求 ········· 001

没有方向感，是最要命的 ········· 002
女人，也同样没理由放弃梦想 ········· 005
女人的实力同样是一种吸引力 ········· 006
有一技之长，不做男人的寄生虫 ········· 011
宿命的产物不可信，自己的命运自己把握 ········· 014

用力地爱自己 ········· 017

不要为了工作透支自己的身体 ········· 018
你是公主，而不是干活的机器 ········· 021
没有男人值得你付出全部 ········· 024
对于自己不情愿做的事，不要勉强 ········· 027
用钱释放自己，也是一种自我解放 ········· 029
女人一定要明白的几个道理 ········· 032
女人每天都应悦纳自己 ········· 035

女人不势利，地位不牢靠 ········· 038

和对你有用的人做朋友 ········· 039
实现梦想不可缺少的几种男人 ········· 042
选择爱，不如选择被爱 ········· 044

美丽不是吃饭的资本 …………………………………………… 047
幸福是需要"谋划"和"算计"的 ……………………………… 050
闺蜜有时也需防一防 …………………………………………… 053
有蓝颜知己的姐妹们,请举手 ………………………………… 056

女人,时刻都要优化自己的形象 ……………………………… 059

年轻娇嫩的脸庞,藏起你的"真年龄" ……………………… 060
栽培美貌,就等于栽培自己的人生 …………………………… 063
为自己花点心思,做优雅女人 ………………………………… 066
时时都不忘关注自己的线条 …………………………………… 069
要美丽,但是美得也要有所节制 ……………………………… 072

彻底清除心灵上的那些"疑难杂症" ………………………… 075

抱怨就像 SARS 病毒,它会肆无忌惮地传染和演变 ………… 076
歇斯底里只会吓跑男人 ………………………………………… 078
你的唠叨会让男人逃之夭夭 …………………………………… 082
生气等于自杀,伤身伤神又伤心 ……………………………… 086
避开抑郁症 ……………………………………………………… 089

会理财是女人的安身之本 ……………………………………… 092

女人要有钱,有钱才有"尊严" ……………………………… 093
"月光"女神时尚前卫,却不实用 …………………………… 096
做好财务总监 …………………………………………………… 099
别让钱从指缝中溜走 …………………………………………… 102
小女人的财富故事会 …………………………………………… 106

成为招人喜欢的女人 ………………………………… 110

 冷美人没人爱，微笑女有人宠 ………………………… 111
 特长也是得到别人喜欢的一种方式 …………………… 114
 拉近距离，一步步迈进他人心田 ……………………… 116
 天真的时候天真，世故的时候世故 …………………… 119
 招人喜欢的三个小技巧 ………………………………… 122

曝光男人的那点儿小心思 …………………………… 126

 色是男人本性，不爱美女的男人不正常 ……………… 127
 男人需要女人的崇拜 …………………………………… 130
 男人吃软不吃硬，就是爱面子 ………………………… 133
 男人喜欢具有神秘感的女人 …………………………… 136
 男人有时候是孩子，需要女人哄 ……………………… 139

花点心思谈恋爱 ……………………………………… 142

 谈恋爱的本钱：自尊与自爱 …………………………… 143
 桃花运旺盛，只取一朵 ………………………………… 146
 碰到好男人，主动出击也无妨 ………………………… 149
 留不住男人心的时候，请留住风度 …………………… 152
 爱情能否代替面包 ……………………………………… 155

处心积虑地把自己嫁出去 …………………………… 158

 积累嫁得好的资本 ……………………………………… 159
 嫁得好的女人，好命一辈子 …………………………… 164
 适合自己的才是真幸福 ………………………………… 167

嫁人不要太匆忙 …………………………………… 170
这几种男人绝对不能嫁 …………………………… 173

女人的"战场" …………………………………… 177

不同的舞台需要扮演不同的角色 ………………… 178
不要试图改造你的他 ……………………………… 181
捍卫自己的老公,小三保证没机会 ……………… 185
呵护幸福,学会甜言蜜语 ………………………… 188
老公"行不行",关键在于你 …………………… 191
打造温馨的家庭是女人的天职 …………………… 194
她是他的妈,你的婆婆 …………………………… 197

还是回归本真吧 …………………………………… 202

宽容:善解人意,得到的将是他人的感激 ……… 203
善良:善良女人有人爱 …………………………… 206
快乐:需要自己去做个决定 ……………………… 210
坚强:让男人对你另眼相看 ……………………… 213
珍惜:会呵护,不让已有的幸福流失 …………… 217
温柔:由内而外散发出的一种情愫 ……………… 220

女人同样要有梦想和追求

男人和女人构成了一个世界、组成了一个家庭,虽然女人比男人弱小,但是无论男人还是女人,想让人不小瞧、高看一眼的因素永远是你的实力,只有实力才是吸引力。因此,对于女人来说,同样要有自己的梦想、有能养活自己的职业、会把握自己的命运,不要让人小瞧了你,尤其是男人。

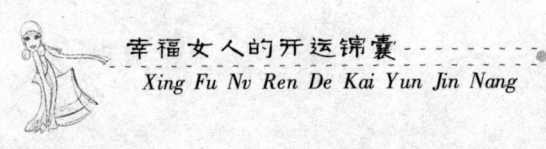

没有方向感，是最要命的

对于一个女人来说，随着年龄的增长，尤其是到了三十岁的时候，还没有找到自己的方向感，那将是最要命、最可悲的。

放眼成功的女人，她们和那些成功的男人一样，总是在问自己"我到底想要什么？""我到底想过什么样的生活？""生活里除了老公和孩子，我还能追求什么？"……找到了问题的答案就找到了方向感，找到了方向感就找到了心灵的归属。

可以说，有了方向感，就有了为之奋斗的目标；没有方向感，将永远找不到自己前进的方向。失去人生的方向是一件多么可怕的事啊！那样的生活会让一个人迷茫到如同行尸走肉。亲爱的姐妹们，你的人生有目标吗？你找到自己的生活方向了吗？

二十几岁的时候，也许在别人的眼里，你还是个黄毛丫头，可以不断地去探索和尝试，努力寻找属于自己的方向和出路，如果随着年龄的增长，到了三十、四十岁的时候，你依旧没有找到生活的方向，你就真该好好思索一下了。我相信，这种迷茫的生活肯定不是你想要的，那为什么不试着去找找问题的症结呢？

这个时候你可以问自己两个问题：我要走一条什么样的路？如果要走这条路，我需要做哪些必要的准备？弄清楚这两个问题之后，你就可以开始行动了。

谈到这两个问题，首先我想告诉你，有时候弄清楚自己的方向，远比努力奋斗更重要。因为确定了自己人生的方向，才可以稳健地一步一个脚印往前走。为什么生活中有的人非常努力、非常勤奋，最后却什么

事都没有干成？究其原因就在于他没有认清人生的方向。

当然，在这个过程中，你可以根据自身情况，制定一个计划。比如说你在未来五年之内要再买一套房子，那你就得从现在开始做起，算清买这套房子需要多少钱，分摊到五年内，每年又需要多少钱，然后再细划到每个月。

我这里需要说明的一点是：把目标细化的好处在于把事情的难度降低。比如说，当我要写一本十几万字的书稿时，想想光是三、四百页的原稿堆在桌上的情形，就让人感到害怕，更何况是要一个字一个字敲出来。如果是单纯地打字那倒也无所谓，可写稿需要激情和思想火花的迸放，这是非常耗费脑细胞的。如果我制定一个每天写10~15页或者几千字的计划，坚持下来，一段时间后书稿便完成了。

把整个目标分散开来，一天只做一点，绝不像整个过程那样看上去让人恐怖，但也不要轻率地对待每天的任务，使自己松懈下来。还是以我写书为例，如果在制定计划后，我不能够坚持，三天打鱼、两天晒网，最后的结果肯定还是不能如期完稿。

所以，建议各位姐妹在制定计划的时候，最好把每一个目标都写下来。人生计划实际上就是你一生的时间安排表，它由很多细小的目标时间表组成。它时刻提醒你集中精力，朝着自己的目标迈进。

对于一部分单身女性来说，周末大都是这样度过的：在忙忙碌碌的工作了五天之后，终于迎来了周末，于是乎，睡觉成为打发周末的主要功课，甚至早饭和午饭都免了，一日三餐合为一天一餐，看看电视、上上网，一天就这样过去了，第二天依旧是睡到日上三竿才起床，等到下午才发现一个周末就这样糊里糊涂地过去了。

我也有这样的经历，每到周日下午，我就开始自责和忏悔，为什么浪费了四十八个小时？为什么把宝贵的周末给弄丢了？自责和忏悔之后我就发誓：下个周末绝对不能这样过，一定要做些有意义的事情，并且

给自己定下了很多要完成的功课,到图书馆看书、学习早已手生的琵琶、回家看父母、拜望公婆等等。可是到了第二个周末,依旧吃饭、睡觉,之后照例是忏悔和发誓,一切如故。

生活中很多女人都这样,没有目标,没有方向,过着放任自由的生活,等有一天发现自己浪费了太多时间,却已经悔之晚矣。

没目标+没方向=浪费生命和时间,因此,我们一定要摆脱这种浪费时间的恶习。

对于女人来说,如果你还处于单身状态,那么你现在的方向和目标就是找个自己满意的男朋友把自己嫁出去;如果你已结婚生子,那么孩子、老公就是你努力的方向。当然,孩子、老公只是你生活中的一部分,你的生活中还有很重要的东西,比如你要在事业中达到一个什么样的目标?你的职业规划是什么?在未来五年或者十年之内,你自身要达到一个什么样的高度?如果在三十岁之前你已成功地坐上主管的位置,那三十岁以后呢?这些问题都是需要你考虑的。

老年的生活过得好不好,在于年轻的时候做了什么,是否根据自身的条件给自己设置了正确的方向。仔细观察一下身边的人,不难发现,一个女人如果有梦想和目标,并时刻为之努力不息,即便到了四十岁、五十岁,她的风采也会依旧。

女人，也同样没理由放弃梦想

大多数男人都把简单的女人当作自己的追求目标，可是往往就是这些简单的女人，最终又成为男人抛弃的对象。男人因为女人的单纯而喜欢，可最后却又因为女人的无知而远离。这听起来似乎有点矛盾，但实际上却有另一番深意。

简单的女人往往天真、纯情，男人起初被这类女性吸引，原因很简单，就是因为她的简单。可是随着岁月的流逝，一个女人一成不变，仍旧那么"简单"，这时候的简单就不能再用"纯真"来描述，而是一种无知了。

总的来说，这种女人并不成功，先不说她的事业如何，在男人眼里她也是一个失败者，始终以"男人的附属品"的身份出现。当然，这种女人之所以简单，就是因为她们欲望不多，缺乏斗志，把男人作为自己的救命稻草，可最终这根救命稻草没能经受得住女人无知的重量，中途消失，致使女人没能保住自己的性命。

这只是个比喻，却非常形象地说明了女人给男人太多的压力，往往会让男人承受不起。所以，对于女人来说，同样需要成功。一个简单、尤其是头脑简单的女人，已经不再受到社会的欢迎，更不再受到男人长久的欢迎。

对于有"野心"的女人来说，当爱情的机会和事业的机会撞了车，她们会毫不犹豫地选择事业。因为选择了爱情，自己的未来大体就有了清晰的轮廓——和一个男人长相厮守，为他生儿育女；而选择了事业，自己的未来还充满了未知的期待——也许会飞得更高，得到的更多，有

期待就有希望和机会。当然，我并不是要告诉姐妹们放弃苦苦经营的爱情、一心奔赴事业或者目标，我只是说，不论何时都不要放弃自己对梦想的追求，把它放在一个重要的位置上。想想那些有"野心"的女人，她们之所以成功，就是永远怀有梦想，没有停止追逐梦想的脚步。

仔细分析一下，女人之所以不成功，就是因为她们缺乏持久的梦想，而男人之所以会在事业上奋起，正是因为他们的心中有太多对梦想的渴望，这就促使他们披荆斩棘，努力达到事业的颠峰。当然，女人可以不用像男人一样，把事业当作自己的生命，但起码要有理想，要有自己的追求，这样的生活才会过得充实又丰富。

有的男人口口声声说自己不喜欢女强人，事实上并不是他们不喜欢女强人，只是在他们的潜意识里，女强人代表着凶悍、霸道、唯我独尊，这让他们缺乏自信，怕在女强人的面前失去尊严。

总的来说，并不是说女强人不吸引男人，而是他们不喜欢太过强悍和强势的女人。但这并不能代表凡是女强人在性格上就一定很强势，温柔的女强人有很多，当面对这种女人的时候，男人的自信心反而被立刻攻陷了。

不用说，这种女人是极其成功的！他们有着惊人的毅力，其实这就是成功的开始。心有多大，舞台就有多大，女人的毅力，就是走向颠峰的一种强大的力量。一个女人随着结婚成家、生儿育女这一切的发生，曾经的毅力也慢慢随之丧失了，有的甚至做起了全职太太，安然依附于男人，也许这一切的一切正是梦想破灭的根源。所以说，竖立起坚韧的毅力，才是取得成功的关键，半途而废就会导致终生颓废。

当然，这种女人很会运用自己的智慧。女人要想成功必须足够聪慧，虽说美貌可以为人带来好运，不过靠美貌取得成功的女人毕竟是少数，而且这种成功没有智慧护航也会非常短暂。所以，女人要想拥有一个成功的人生，就必须足够智慧。

幸福女人的开运锦囊
Xing Fu Nv Ren De Kai Yun Jin Nang

记住：在这个世界上，朋友不可能总守在你身边，男人有时候更是不可靠，唯有自己强大，才是真正的强大！所以，和男人一样，女人也同样没理由放弃对梦想的追求。所以，亲爱的，醒醒吧，这个世界上最爱你的人是你自己，如果不奋起直追，你终究会被这个世界所抛弃。

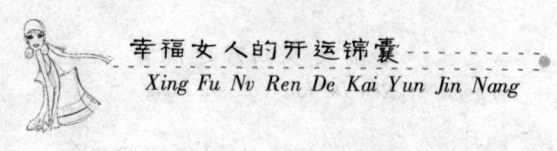

女人的实力同样是一种吸引力

对于女人来说,实力同样是一种吸引力。

在大多数人的观念里,往往认为男人的资本就是拥有实力,而女人的资本无非就是上天所赐予的美色。我不知道广大女性朋友的见解如何,但在这里我想说,让女人幸福的资本绝对不仅仅是"美色"。

如果一个女人仅仅靠美貌笼络男人的心,随着岁月流逝,她就会失去一切。因为当一个男人因为女人的美丽而喜欢上她时,也同样会因为她的容颜衰退而抛弃她。

实际上,有些女人深谙男人的心理,她们也知道,当某一天自己容貌不再时,可能会被男人像丢垃圾一样丢掉,所以她们生活得也极其不安。她们的思想每天被恐惧所侵蚀,带着这种精神负担生活,实在是很难有快乐可言。

古代有位失宠的妃子写过这么一首诗:"新裂齐纨素,鲜洁如霜雪。裁为合欢扇,团团似明月。出入君怀袖,动摇微风发。常恐秋节至,凉飙夺炎热。弃捐箧笥中,恩情中道绝。"

在这首诗中,妃子把自己比喻为一把扇子,夏天炎热的时候,会被皇帝捧在手中,可是到了秋天凉意袭来的时候,就被皇帝扔在一边了。

如果把一个女人比喻为一把扇子,又有几把扇子能让男人一辈子拿在手中呢?除非这把扇子上有吸引男人的东西,这样男人才会倍感珍惜。试想,如果女人能拥有这样的能耐,那还怕什么呢?这个时候,你已不再是把只能给男人带来凉风的普通扇子,而是一把有实力的扇子,是别人无法代替的,你在他心中的价值,当然只会有增无减。

一个真正聪明的女人在乎的不是自己的容颜和年龄，也不是男人的爱与承诺，而是对自己的经营。于千万人中如何让自己脱颖而出，价值是否一路飙升，这才是她们最为在乎的。因为她们始终明白，女人是因为可爱而美丽，因为美丽而可爱的时代已经过去了。

今天，美丽的代名词已不是炯炯有神的大眼睛和挺翘的鼻子，也不是性感的嘴唇和饱满的胸部，而是真正的实力。一个真正有实力的女人，即便是八十岁又何妨？虽然财富并不能真正地改变一个人，但它却可以百分之百地改变人们对一个人的态度。

一个八十岁的女人，同样可以集美丽、优雅、高贵、时尚于一身，这就是实力的魅力，这与年龄无关，与长相无关，有关的只是自身的实力。

不乏有这一类型的女人，她们把时间和精力都浪费在无谓的事情上，她们总是抱怨，男人为什么这么花心？从来也不想想，如果自己是一位实力派的女人，还会是这样的结果吗？

所以，真正聪明的女人，从来不会把大把的时间浪费在无谓的事情上，她们会充分利用时间，不断经营和提高自己，让自己变成一个"实力派"女人。

那么来看一下，实力派女人是什么样的？

实力派女人不一定是仙女，但绝对有自己独特的气质。她们坚韧、豁达，懂得应变，即使面临绝境，也绝不气馁。

实力派女人懂得利用一切可以利用的力量，不断完善自己，她们从来不会让机会白白流失。

实力派女人不会看轻自己，她们会努力建立自己的信心、性格、态度，并且很会爱自己。

实力派女人喜欢学习，她们懂得利用渊博的知识让自己更有内涵，更有修养。

对于自己喜欢的男人,实力派女人会拿出十二分的勇气去追求,她知道在给别人这个机会的同时,自己也得到了一个机会,为什么要错过这次机会呢?

……

美貌可以让女人骄傲一时,实力可以让女人自信一生。所以,聪明的女人,记住吧,一定要做个有实力的女人,这样才能为自己的魅力增值。

女人同样要有梦想和追求

有一技之长，不做男人的寄生虫

经常听到有些女人抱怨："他曾经很爱我，那时我们的感情也很好，但是现在我们之间有了裂痕，他有了其他女人，不得已，我们离了婚。现在的我只能靠自己去拼搏。可是，当我重新走入社会的时候，我发现自己什么都不会，连基本的生存技能都不具备……"

这就是赤裸裸的现实，如果婚姻突变，女人就得靠自己独自奋斗来支撑这个家，甚至还得抚养孩子，这无疑是一个很沉重的负担。

当然，这对有工作能力的女性来说，不是什么了不起的大事。但是对于当惯了全职太太的一些女人来说，再次步入社会重新找工作，就不那么容易了。我想，任何一个公司都不会招聘一个没有任何经验的"新手"。

我们希望全天下的女人都能幸福，可是谁也不能保证天灾人祸不会降临，或者将来会有"政变"的可能，纵使你嫁了个多金的、在别人眼里还算是老实顾家的好老公，也不可能保证万无一失。这种事情比比皆是，尤其是在一些繁华都市，这种事情更是屡见不鲜。

时代变了，男人变了，婚姻经不起太多的考验。对于女人来说，必须接受和面对这个有可能发生在自己身上的突变。

此时，再度使用美人计，用自己的年轻和美貌来唤回老公的心？也许这对于二十多岁的女孩来说还可能管用，但对于稍微上了年纪的女人来说，这根本就是无稽之谈。这个时候，只有在经济上让自己强大起来，才能从容地应对任何突发事件。

天真的傻女人们，醒醒吧，人本质上就是一种喜新厌旧的动物，包

括你自己也是如此。因为经济永远是矛盾的集聚点，将来总有一天你们之间会产生矛盾，终究会爆发，轻则忍忍过去了，但你将永远生活在他的蛮横与霸道之下，谁让你是他的经济附属体呢？重则劳燕纷飞各奔东西。无论哪个结局，对于女人来说，都是一种煎熬。所以说，趁着年轻，何不给自己制定一个赚钱的计划？

在某本书上看到这样一句话"对任何一个人讲，只有经济独立才能获得真正的独立"，我完全赞同此话。尤其是女人，不能有"靠"的念头，因为"靠山山倒，靠人人跑"，只有靠自己最好。一个女人只有经济上独立了，才会在生活上独立，在心理上独立。

下面是一个男士对自己妻子的描述：

"当我遇到另一半时，她在一家外企里有一个很不错的职位，可是后来因为种种原因她失去了工作，于是她开始待业，直到后来又找了一份新工作。但她从来没有那种'噢，我真可怜'的态度。她很现实，因为有账单要付，她必须抓住一切机会。我很敬重她，因为她不畏艰难，在生活的道路上奋力向前。从那时起，我就知道自己的命运和她紧密相连了。"

他是被她那种战胜逆境的精神征服的，是她的人格赢得了他的心。即使在困境中，她也坚定地依靠自己。

所以，女人们，不要再犹豫了，学习一技之长吧，不仅是为了现在的家庭能有更好的物质生活，为自己的老公分担一些负担，更重要的是要为自己的将来做打算。试想，默默无闻做一辈子"黄脸婆"，那人生岂不是很黯淡？

试想，白领丽人和每天为了几毛钱的青菜萝卜争得面红耳赤的女人，哪个更能受到社会的认可？哪个能为社会创造出更大的价值？虽说一个成功的男人背后有一个贤慧的女人，但一个出色的女人背后总有一份自己满意的工作。那种认为嫁给谁就等于找到了长期饭票的观点简直

就是荒谬。

聪明的女人一定要记住：你已经不是二十岁的小姑娘了，再也没有大把的青春可以挥霍，这时候如果还不抓紧时间做点事情，以后恐怕是没有多少机会从头再来了。

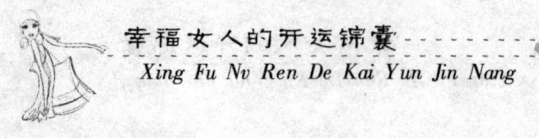

宿命的产物不可信，自己的命运自己把握

在写这节之前，我先讲一个发生在我身边的故事：去年十一假期，我和好友莎伦结伴游香山、看红叶，爬到香山峰顶，高兴至极，之后徒步到八大处，为了体验一下冒险的刺激感，我们没有走正路，直接从偏路下来。

下了山正准备坐车往回赶，这时突然有人从身后冒了出来，"姑娘，看你面色不错，今年必会交好运。"貌似是算命看相的半仙，我暗示莎伦不要理会这些人，但是莎伦却颇有兴致，"好运？那你说说会交什么好运呀？"莎伦接住半仙的话茬问道。半仙看有门道，装出一本正经的样子，"今年你是好运连连！"然后他掐指一算，"年底有望出国深造，所以你得掌握一门外语啊！"莎伦被半仙说得心花怒放，多年来，出国深造一直是她的愿望，甚至连做梦都想走出国门去看看，只是苦于没有机会。前年单位本来有一次出国学习的机会，可最后却被部门经理的侄子临时顶替了，这件事一直是莎伦心中的痛。

半仙看到"有戏"，继续娓娓道来："你的心气很高，有自己的理想，在未来五年之内将会有一次出国的机会。虽说曾经有过这样的机会，但苦于各种各样的原因，你的梦想却一直未能实现，不过这也是上天的安排……"

这个半仙歪打正着说出了莎伦的心声，她觉得算命先生说得很精准，对他佩服得五体投地，此时的莎伦，早已忘记了身边还有我这个朋友。最后她还感谢半仙，花了100大洋买了个避邪的黄包，任凭我在旁边怎么劝导，她就是听不进去。

在回家的车上,莎伦还一直告诉我说:"你还别不信命,冥冥之中是有一种力量在催促着我们,就像我出国吧,都好几年了,每次都不知是什么原因,总是与梦想擦肩而过……"

那天以后,莎伦一直在努力学习外语,想着不久的将来就能出国了,她就更加用心了。可是不到一个月,她发现自己已有身孕,无奈之下,她把所有的事情都放下,安心在家养胎,自己还戏谑道:"出什么国啊,宝贝才是最重要的。"自然,算命先生给她"安排"的出国计划,也被搁置在一边了。

喜欢算命、相信宿命,是很多女人的爱好,她们把自己的梦想都寄托在宿命上,相信自己的命运是由"神"力在把握着,有时候这种莫须有的"精神寄托"甚至还会左右她们的心情。

比如,当算命先生说自己好命的时候,她们就会心情愉悦,对未来充满期待,觉得生活很有意义;可是当算命先生说自己将来没有什么作为,命运也比较坎坷时,她们就会感到沮丧,甚至对生活失去信心。又比如,有的女人喜欢解梦,如果做了"好梦"的时候,就会喜上眉梢;而如果做了"噩梦"的话,就会心神不宁、委靡不振;还有的女人在遇到困难和挫折时,总是抱怨"哎,我的命就是不好……""没办法,我就这命了……"

这些所谓的"宿命论"都是愚昧无知的产物,如果现在我们还相信这些不存在的东西,那简直是太愚蠢了!

从某些方面来看,相信"宿命论"的人纯粹是在为自己的失败而找借口,把自己的命运寄托在一种不切实际的"想象"上,这等于是在高空中架了一座看不见的桥,走在上面的人迟早会坠"桥"而亡。

与其把命运寄托在所谓的"神灵"身上,还不如由自己来掌握自己的命运。如果说把命运寄托在所谓的"神灵"身上,危险系数为百分之百,那把命运押在男人身上的危险系数则为百分之五十。只有把自己的

命运拴在自己身上，才是最安全的。

接下来我们就来讨论一下，作为一个女人，到底该如何更好地把握自己的命运呢？首先要拥有一个积极的心态。心态和观念改变了，那么命运也就自然而然地变了。

很多女人都知道，心态不好会影响到自己的气色，更会影响自己的心情，于是，他们时时刻刻告诫自己，要保持一个良好的心态。可是，事到关头，却总是做不到。遇到这种情况，其实不必烦躁，这是一种很正常的现象，因为心态的调整需要一个过程。

这里提供一个小窍门，大家可以试一试：就是每天早上看着镜子对自己微笑一下，给自己一个笑脸，只需持续三分钟，每天如此，坚持下去，阳光心态自然就会不请自来。

除了心态方面，女人也需要拥有把梦想变成现实的勇气。如果始终活在梦想里，不采取行动，这样永远都不会有好运的。

比如说，有的女人总是羡慕杨澜的美丽和气质，却只停留在羡慕上，不去提高自身，有的女人总是羡慕于丹的学识，却从来不去努力学习。最后，所有的一切只能是空想而已。

既然有目标，那为什么不立即行动起来呢？如果只有愿望而不行动，梦想是永远不会变成现实的。

看看吧，其实成功就在我们周围，只要你有一个乐观的心态，对自己充满信心，远离"宿命论"，积极地面对问题和现实，努力地工作，那么希望就都会变成现实。

用力地爱自己

不管什么时候，都要对自己好点，把自己当成公主一样对待，因为这个世界上最爱你的人是你自己。如果连你自己都无情地对待自己，如透支身体去工作、无限度地爱一个男人甚至付出自己的所有等等，这样做的结局就是你离苦命女的距离越来越近了，更谈不上拥有福气。既然没有任何人的爱能超过自己对自己的爱，那还是自己多爱自己一点吧！

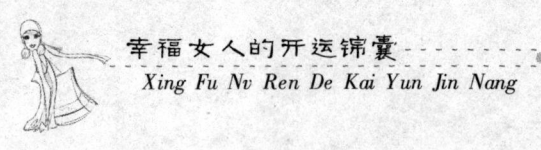

不要为了工作透支自己的身体

有一类女人,天生就是工作狂,她们经常说的一句话就是"快忙死了",这并不是她们在夸大其词,实际上她们真的是忙得不可开交。记得刚毕业参加工作时,单位里有个职位和年纪都较高的同事,她是大家公认的工作狂,在同事圈中流传着一段有关她的心酸故事:

忙完一天的工作,披星戴月地回到家,老公已经睡了。第二天早上,她没敢吵醒老公就去上班了,下班回来,老公还在睡。她觉得有点奇怪,但又转念一想,也许是老公这两天太累,没休息好吧。不久后的一天,老公提出了离婚,理由是,头被摔伤后在床上昏迷二十四小时,而枕边人却毫不知情。

"丢脸啊……",甚至连她自己也是这么认为的。

把自己全部交给工作,不仅淡漠了夫妻间的感情、儿女之间的情感,更重要的是严重透支了自己的身体,这对他人、对自己都是极不负责任的。

遥遥是一名职业女性,这已经是她第三次被推到急诊室了,她怎么也不相信自己患上了"工作狂"的心理疾病,这是一种精神科疾病——恐慌症。医生告诉她要想根治这种恐慌症,只能放弃高强度的工作,实际上之前她的身体已多次发出求救信号了,比如皮肤过敏、月经不调等症状,但是她一直没有注意,仍在忘我地工作。

生活中,有很多女人和遥遥一样,为了工作,疯狂地透支身体,她们永远不会对已经取得的工作业绩感到满足,她们只会给自己定下一个又一个苛刻的目标,她们永远也不会松懈,甚至不惜牺牲自己的健康。

一位心理学家说:"工作狂患者"对成就的欲望与实际的工作成就无关。也就是说,他们只是在用大量的工作,来满足自己内心的需求。他们对自己的工作从来没有满意过,他们总是认为自己做得不够好,也总是为做的不够完美的地方而感到不安,即使别人赞扬他的工作做得不错,他也不会相信,因为他始终认为,自己的工作还是没有达到自己的标准。就这样,他们把自己弄得精疲力尽。

这种症状时常出现在三十岁左右的女人身上,因为这个年龄段对欲望的追求更强烈些,这就使得她们不得不拿自己的健康做赌注拼命工作,超额透支自己的身体。但是,人的身体的承受能力总有一个极限,如果总是以极限的状态来工作,总有一天会让身体机能紊乱。

身为女人,一定要爱惜自己的身体。工作永远也做不完,年轻时不顾身体,用青春交换宝贵的经验。但是随着年龄的增长,如果还是这样疯狂地工作,只能说明你没有工作技巧。也许你不愿意听到这么刻薄的话,会说出"我工作能力很强,只是想再做得更好一点而已"、"我现在透支身体是为了将来"等种种理由为自己辩解。也许你说的对,但保持身体健康和精神健康也是你工作能力和态度的体现。没有了身体,哪还有什么工作可言?

亲爱的职场女"白骨精"们,不要再折腾自己的身体了,适当放松一下,绝对会让你活得更健康、更快乐,如果你苦于找不到放松的办法,以下几点或许对你有帮助。

运用言语和想象放松。通过想象,训练思维"游逛",如"耳边萦绕着优美的音乐,我多么快乐啊"、"蓝天白云下,我坐在草地上"等,也可以朗诵那些阳光的诗文,以便疏导内心的压力。有研究证明,短时间的放松、休息,恢复精力,可以让身体更加轻松。

衣着宽松、静静地小憩。穿上一套舒适的衣衫,静静地站在阳台上让自己小憩,这样你的心理压力不知不觉就会减轻。

养宠物有益身心。当精神紧张的人在观赏金鱼或热带鱼时，鱼儿在缸中姿势优美地翩翩起舞，此时，人往往会无意识地被带入"宠辱皆忘"的境界，心里的压力也大为减轻。

要想维持幸福而满意的职场生活，保持工作和私生活的平衡相当重要。工作时认真工作，休息时充分休息，这才是职场丽人最健康的生活方式！

你是公主，而不是干活的机器

在我们没有步入婚姻殿堂之前，集父母的宠爱于一身，觉得自己就是一个公主。平时别说干脏活累活了，就是被蚊子叮了一下、被虫子咬了一下，都会娇滴滴地向父母诉苦。

可是女人一旦结了婚，既要忙工作，又要照顾小孩，还要关心家庭，可真是分身乏术。时间长了，那个曾经优雅美丽的小女人变成了黄脸婆，这可是违背了你婚前"即使结了婚，也绝不做黄脸婆"的誓言。

放眼办公室，每天下班时间一到，立刻呈现两种状态：一种是二十多岁的女孩子电话不断，忙着约男朋友或者朋友一起吃饭；另一种已婚女人迈着匆匆的步子、连走带跑地冲出办公室，她们的宝宝在等着她们。

在这里我不是要谴责身为母亲的你的爱心，我是想告诉你，其实孩子由长辈或者托儿所的老师照顾得很好，你不需要时刻都像个救世主一样，分秒不差地出现在他面前。如果你整日在工作与孩子之间疲于奔命，那么自己的时间和空间就都没了。记住：永远别把自己当机器，让每个过渡都有个中间休息的过程，适当地放松，这才是一个聪明女人应该做的事情。

青阳上周到我家拿一份资料，我们好久没见面了，也难得坐到一起聊聊天、吃吃饭。在短短的两个小时里，只见青阳打了不下十个电话，而且都是给他老公一人打的。

"老公，我中午不回去吃了，午餐你就把昨天剩的排骨热热将就一下吧。""贝贝的尿不湿记得换啊！""今天早上贝贝喝了一杯牛奶，还

吃了些牛肉，中午记得给她做份鸡蛋羹，对了，放一个鸡蛋就可以了。""别忘记吃完午饭之后带贝贝出去晒晒太阳。""今天气温偏低，出去的时候记得给贝贝带上帽子。"……

看着青阳打了一个又一个的电话，我讥笑她："你是家里的'保姆'啊，出来两个小时就这么不放心，还要遥控指挥？"

"你是不知道我家老公，我不在家的时候他宁愿不吃饭，把孩子交给这么一个粗线条的大男人，我怎么能放心啊！何况我们家贝贝也离不开我。"青阳严肃地说。

"你们家离开你就不转了吗？你老公是个很健全、很利落的男人，可以自行把午餐解决好，完全不用你来安排，把孩子交给他你应该放心，贝贝是你的女儿，更是他的宝贝，他会用一百二十分的心来照顾她的。"我继续说道。

"可是，可是……我总是不放心他们……这些年来，照顾完大的，照顾小的，我现在已经完全没有自我了，整个人都交给家庭了。你看看我脸上这皱纹，乍眼一看还以为是四十岁的人，哪像个三十岁的人啊！我也知道很累，有时候真想出去走走，给自己的心灵放个假，可真正走出去的时候，自己又不放心。"青阳有点无奈地说。

……

实际上像青阳的这种情况，在很多女人身上都出现了。结了婚之后，她们就完全没有了自我，成了一个干活的机器。打理老公的饮食起居，照顾年幼的孩子，把所有的心思都完全放在这两个人身上。

当然，心中有所牵挂是一种幸福，但把所有的心思全都奉献给别人，完全把自己抛到一边，这样的牵挂就谈不上是幸福了，何况所有事情都大包大揽，对别人来说并不一定是好事。

很多女人总是把照顾孩子这一艰巨任务完全放在自己身上，凡事总想事必躬亲，信不过粗线条的老公，这可是一个错误的认知！研究证

明，让爸爸照顾孩子，可以让家庭更有凝聚力，既增加了父子之间的情感，培养了孩子的爱心，对孩子的人格发展也大有裨益。你们可以每周规定一个"爸爸日"，让爸爸全权负责孩子的接送、学习、娱乐、吃喝等一切事物，你则可以轻松地闲逛，见见朋友，喝喝茶，聊聊天，享受自己的空间。两全其美的事情，何乐而不为呢？

真正聪明的女人不仅要有自己的收入、事业、交往圈，还要有属于自己的悠闲时光。在悠闲中释放自己，在悠闲中体验生活的美好，在悠闲中攒足再次冲锋的精力。记住：只有把自己当成公主的女人，才永远是公主，而把自己当成机器的女人，则永远是机器，聪明的女人只做前者。

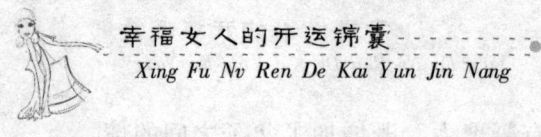

没有男人值得你付出全部

一个遭到男朋友抛弃的女人抱怨道:"我没有计较他的经济状况,自从毕业后一直跟着他。为了他,我拒绝了另外一个城市比现在体面、有前途的工作。不过当时我只是为了能够和他在一起,好好爱他,所以不后悔。四年了,我为了他,向父母撒谎要了好几万块钱支持他创业。他的事业刚开始一直不顺,我们的生活一度陷入窘境,为了支持他的事业,我放弃了旅游、逛街、美食。要知道以前我从来都没为钱发过愁,放假去旅游,周末去逛街,这曾是我生活的必修课。可因为他,这一切都离我而去了。我才二十几岁,正是人生最好的年华,可我只能用最便宜的化妆品来涂抹还算美丽的脸……更重要的是,期间我为他做过两次流产,那种钻心的痛让我刻骨铭心,可心里却是甜的,因为他说他爱我,他会一辈子和我在一起。但是现在,我知道我错了……现在他的事业刚有起色,他的爱就开始转移了,他的身边多了一个更年轻的女孩,他说他不需要我了。我的心很痛,我为他付出了那么多,他还是残忍地把我抛弃了,也许我曾经毫无保留地付出就是一个错误……"

一个婚姻濒临破裂的女人抱怨道:"我为他付出了很多,我把自己都交付给这个男人了,为了他,我得像个男人一样在外面打拼,即使是在怀孕时我都没让他养我。我每天的睡眠时间不超过六个小时,其他时间不是在工作,就是在照顾孩子或是在料理家务,我宁愿省出几分钟时间给他做一顿可口的早餐,也不愿意多花时间去照照镜子,我想这也是我的可悲之处,我把自己的一切全奉献出来了,最后迎来的却是一纸离婚协议书……"

这是两个典型的为了男人付出自己全部的女人的事例，虽然遭遇的状况不同，但结果却是惊人的相似。为什么？是女人太过无私了。这种无私没有换来同等的爱，没有换来想象中的幸福，如果仅仅是分手也就算了，但是想想过往，有谁会觉得甘心呢？青春没了，事业没了，家庭没了，该埋怨谁？是那个绝情的男人吗？我承认他有错，但作为一个太过"无私"的女人，你肯定也有一定的责任。

在网上看到这么一段话，觉得很有道理，摘过来与大家分享一下：

女人一生千万不要做的几件事：

1.永远不要让任何一个男人成为你生命的全部，要懂得投入越多，失去越多的道理；

2.不要为任何男人放弃自己的个性，其实并不是你迁就他，就可以让他觉得你多好，恰好相反，男人更喜欢有自己个性的女人；

3.千万不可以为了爱情放弃事业，很简单，选择爱情，一旦爱情没有了，你就什么都没有了。选择事业，即使爱情没有了，可是你还有本事赚钱养活自己，还有属于自己的生活；

4.不要认为谁离开谁就活不下去，要知道，你的生命来自父母，除了他们之外，没有任何人值得你付出生命，而你的父母仅仅希望你快乐平安；

5.不要把你所有的钱花在他身上，女人该对自己好点；

6.不要为任何人过分打扮自己或把自己搞得不修边幅，要每天都把自己装扮得干干净净，漂漂亮亮。美丽，只为自己；

7.不要为任何人放弃你的朋友，忽视你的家人，要知道，如果有一天爱情不在了，真正在你身边支持你的不是那个曾经的山盟海誓，而是这些人；

8.不要看低自己，每个人都有自己的优点，他不懂珍惜，就找个懂得珍惜你的，他不会欣赏，就找个会欣赏你的！错过这一站，只因为最

好的那个在下一站等你……

生活中，有很多女人为了男朋友或老公，不惜牺牲自己的一切，她们认为只有全心全意地付出，才能成为老公眼里的好女人，婆婆眼中的好儿媳，但是这样真的能如愿吗？恐怕不见得吧！因为他永远都不会对一个邋遢、不修边幅的女人心动。

尽管在他穷途末路时，你曾和他共同打天下，但这并不代表你可以一辈子拥有他，也不代表他会永远对你从一而终。因为时代变了，对好女人的衡量标准也变了，

现在好女人在男人眼里的标准是面容好、身材好、气质好、学识好，而不再是家务好、做饭好、带孩子好。仅仅盯着后面这几个"好"，让女人付出的惨痛代价就是迷失自己，最后还有可能遭到男人的遗弃。所以，聪明的女人应懂得自爱，对自己好一些，这样才能让自己幸福，让家庭幸福！

对于自己不情愿做的事,不要勉强

她原本想去图书馆看书,可是朋友非要拉她去看电影,虽然她极不情愿,可是碍于朋友的面子,还是勉强去了;她家里不是很富裕,本不想乱花钱,可是却禁不住售货员和朋友的怂恿,买了一套并不实用的昂贵化妆品;她不想去参加宴会,但又不好拒绝朋友的盛情,只好硬着头皮去作陪……生活中,这样的例子比比皆是,为了满足别人的愿望,而让自己身陷无奈,细细想来,这实在有点划不来。

拒绝是一种权利,就像生存是一种权利一样。我们要捍卫自己的权利,对于让自己内心很纠结的事,大可去拒绝。因为拒绝自己不愿做的事,并不是一件丢脸的事。记住——女人在什么时候都不要勉强自己。

有一段时间,有个新来的同事每天下班之后必然四处找人陪她逛街,我就被她拖着逛了好几回。实际上上了一天班,根本没心思去逛,但实在拗不过她,也不好意思拒绝,只能委屈自己陪她去了。一逛就是好几个小时,穿着高跟鞋的脚磨起了好几个水泡,这就是做自己不情愿做的事的代价吧!如果我学会了拒绝,估计自己的脚也不会受到此等踩躏了吧!

或许有的女人会说,在人际交往中,每个人都需要结交一些朋友,为了朋友牺牲一点也是应该的。然而,如果凡事都顺从朋友的意思,在别人要求你做你不情愿做的事情时,你不懂得拒绝,这样只能把自己陷入更多的烦恼之中。不仅如此,还会给别人留下没主见的印象。

拒绝是没有过错的,拒绝是一种删繁就简的生活态度,拒绝是一种举重若轻的处理方式,拒绝是一种大智若愚的智慧,拒绝是一种水落石

出的心境。对自己不情愿做的事情，坚决说"不"，这是保护自己的一种方式。当然，刚开始你可能会感到尴尬或难为情，这就需要你掌握一些拒绝别人的小技巧，看看下面的方法会对你有所帮助。

拒绝就是排斥的心理。不善拒绝说白了就是一个心理上的问题，有的女性总是把拒绝和排斥的概念相等同、相混淆，她们怕拒绝了别人，别人就会把排斥的帽子扣在自己头上，于是乎，对别人的请求，就总是有求必应。这种心理是错误的，拒绝只是告诉对方这件事你帮不了他，但并不表明你是在排斥他。所以，学会拒绝前，先要纠正犯错误的心理认知倾向。

保持简单回应。如果你要拒绝，就要坚决而直接，可以使用短语，如"感谢你看得起我，但现在不方便"或"对不起，我不能帮你"。尝试用你的身体语言强调"不"，不要过分道歉。记住，你不需允许才能拒绝。

不要为你的拒绝而感到愧疚。有时候适当地拒绝别人，会使他们更有自制力。就像我一个朋友，别人管她借钱的时候，她总是不善于拒绝，更多时候是不好意思，即使自己没钱，也会想方设法地为别人周转，有几次也是因为她实在是没办法才拒绝了别人，为此她还愧疚了很长时间。她完全没有必要自责，她已经尽力了，不能为了满足他人的愿意而折磨自己啊！

借助这几个小技巧，可以帮助你巧妙地拒绝别人不合理的要求，但是心理学家发现，不会说"不"的人，从根本上来讲，还是对自己缺乏信心。缺乏自信和自尊常常会为拒绝别人而感到不安，而且会有这种别人的需求比自己更重要的怪异想法。

明白了吧，姐妹们，拒绝别人有时候是你不自信的一种表现，拿出你的自信，在该说"不"的时候，大声说出来吧！

用钱释放自己，也是一种自我解放

生活中，有这样一类女人：凡是在为自己花钱时，她就会显得特别吝啬，在自己身上稍微多出点"血"，她就会内疚不安，而且还不断地警告自己："又花钱了，其实也可以不买的，我决定这个星期不吃肉只吃素食了。"但是为老公、孩子，即使花再多的钱，她都会毫不犹豫。

这段时间一直忙，很久都没有疯狂扫货了，上周末，西西打来电话说想逛商场慰劳一下自己。我们两人一拍即合，立马相约到西单商场门口见。

两个女人直接闯入二楼的女装世界，琳琅满目的商品让我们眼花缭乱，一件一件地试穿，从里到外都试穿了个遍。

西西最后看上一件连衣裙，这件裙子穿在西西身上简直就像是专门为她量身定制的。一看标价，700多，打八折也得五六百，有点贵了，西西还是不舍得放下了。

我奚落她道："西西姑娘，什么时候变得这么小气了？这件裙子很适合你的啊！"

"我也蛮喜欢的，可是有点贵，买这么贵的裙子总觉得有种负罪感。"西西一脸无奈，好像买下这条裙子，她的良心就会遭到谴责一样。

"嗨，这可不像你啊，曾经的你那可是花钱如流水啊，这点小钱哪在你的话下？"我继续奚落她。

"老公和儿子的衣服还没买呢，上周答应给我妈买老年按摩椅，一会儿也得去看看……"说着，她就直接拉我到了男装区，挑了一件衬衣、一条领带，1000多，毫不犹豫，直接刷卡。又到童装区，为儿子挑

了一双童鞋和一件漂亮的背带裤，又是好几百……没一会儿功夫，就败了将近三千，虽然没有一件是自己的，但西西的脸上没有一点不满。

西西就是那种典型的永远把老公、家人放在第一位的女人，她对自己的爱是有限度的，对自己哪怕是花一分钱都要再三思索，一旦超出一定的限度，就会觉得良心不安。但对老公、家人的爱却是无限度的，甚至连眼都不眨一下，花多少钱都是毫不吝啬的。

大部分女人都喜欢花钱，但却不舍得为自己花钱。男人能拥有这样的太太必然是幸福的，但是于女人本身而言却是苦了自己。

对于女人来说，甜蜜的爱情要有，幸福的家庭要有，奢侈和自爱也一定要有。如果自己都不懂得爱自己、宠自己，那又怎么要求别人爱自己、宠自己呢？一个没有爱和宠的女人，哪还有什么自信优雅可言？我们总是强调一辈子要过好，那过得好到底是个什么样的标准呢？

借用网上的一句玩笑话：女人一定要吃好、喝好、玩好、睡好，如果你把自己累死了，就有别的女人来住咱的房，花咱的钱，睡咱的老公，还打咱的娃……虽然是笑话，细细体味却有很深的道理。

我以前就是一个不会宠爱自己的女人，更不会用金钱来释放自己，准确地说是不舍得用金钱来释放自己。每次出去happy的时候，我就有一种莫名其妙的负罪感，想着我的父母远在千里之外，我的弟弟、妹妹求学的求学，工作的工作，也许他们正生活在水深火热之中，我就为他们不能和我一起happy而感到难过，尽管我每个月都会给他们寄去不少的生活费，但这种负罪感仍是有增无减……我真的很少去考虑如何完善自我、如何让自己更加美丽年轻。虽然平时也叫嚣着要如何如何享受生活，但真正到了要花钱享受一番的时候，却总是思量再思量。也许这是女人的通病吧，有了一笔钱第一个想到的永远是自己爱的人，父母、兄弟姐妹以及自己最亲密无间的人，至于自己永远靠后站，甚至被忽略不计。

其实,对于一个女人而言,懂得消费,也是一种自我解放的标志,也是宠爱自己的一种方式。也许我们抓不住未来,但我们能把握现在。所以,懂得享受现在的女人才是最聪明的女人,会经营自己的女人才是最聪明的女人,肯为自己花钱的女人才是最聪明的女人。

肯为自己花钱的女人,必定会为自己的健康提前投资,会提前为自己身体的健康买单。比如给自己买一份大病保险,再给自己办一个健身卡,做瑜伽、跳健美操、跳舞……喜欢哪样就选择哪样,为健康花钱,也就是为幸福储蓄。

虽然女人的内涵很重要,但如果你的面目可憎,让人看了第一眼就不敢再看第二眼,那可是一种损失呢!有时候"面子"问题的重要性可一点也不亚于"里子"。脸上涂的、头上戴的、身上穿的、脚下踩的,只要在你的经济承受范围内,可以让你变得更加美丽、更加动人、更加性感,多花一点钱,又有什么好心疼的呢?

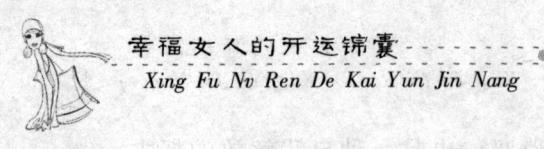

女人一定要明白的几个道理

女人，就要对自己好点嘛！有些道理，女人必须得懂，有些事情，女人必须得明白。

◎ 打理自己的"小金库"

二十几岁谈恋爱，然后结婚，几年的奋斗，存折上也有了五位数，可还是经不住老公的甜言蜜语，把结婚前存的私房钱都充公了。婚前暗自在心里发了多少次誓，即使结了婚，这笔钱也不能动，可最后还是把自己赤裸裸地奉献给了对方。

于是，男人不仅拥有了你的人，还拥有了你的钱，你把自己最后的底钱都抛给了男人，你以为从此以后男人会死心踏地的爱上你？如果你这样想，那只能说明你还不够成熟，还没真正了解男人。

有多少女人曾在男人落魄的时候拿出自己的"小金库"，甚至还向父母、兄弟姐妹四处借钱，成就他的事业。男人在女人的帮助下，终于成了一个名副其实的商界精英。成功之后的男人不但不感激女人，反而变本加厉，为所欲为，有点责任心的，和你离了婚会给你一笔钱；反之，则是净身出户。这时，你可能就会怨恨自己当时为什么不存点私房钱，到头来落得这种下场。当然，我们不希望女人过得不幸，只是告诉女人得懂得保护自己，不要忘记为自己的小金库充值。

也许有些女人还在疑惑，我自己也赚工资，赚的钱足够我自己用，没必要"建立"小金库吧！话虽如此，但是婚后柴米油盐的琐碎，并不像你想象的那样浪漫，就是天使，结了婚也得摘掉翅膀，落到凡世之

中。婚后的矛盾频频出现,像给谁家父母多少钱、谁家的兄弟要结婚了需要钱,这些问题无不成为家庭的导火线,如果你自己手上有点私房钱的话,这些问题不就迎刃而解了吗?父母养了我们几十年不容易,你想孝顺父母,却还得看老公的脸色行事,想必你心里也不痛快。想要买一些自己喜欢的衣服、化妆品,可是抠门的老公嫌你太能花钱了,虽嘴上不说,可心里却早已对你有看法了,将来的事谁也无法预料,小金库有时可以给你安全感。

◎ 友谊是用"弱点"交换而来的

A君、B君和C君是好同学、好哥们儿,A君保守,B君花心,C君好玩儿。一天,B君请A君和C君唱歌,B君和C君一个花心,一个好玩儿,算是臭味相投,只有A君与他俩格格不入。

B君发话了,对A君说:"我和C君都找妞陪了,你没找,说明你不够哥们儿,不够义气,更不够朋友。"

C君发怒了,对A君说:"是不是好同学、好朋友?是的话,像哥们儿一样,找个小妞陪陪。"

这样的情景,相信在一些男同胞身上是经常会遇到的。A君与另两位格格不入,所以A君被淘汰出局。一句话说的好:一个人的朋友多少是和他自己的缺点多少成正比的。人们愿意接受有缺点的朋友。因为每个人的心理都一样:喜欢看到别人身上的弱点,以凸显自己身上的优点。所以,要交朋友,先要把自己的把柄交出去,这样才可交到朋友,这也是人们为什么对朋友之间的称呼永远是:狐朋狗友、酒肉知己的原因。当然,上面的案例虽然有点不恰当,但是却能反应人们交朋友时的心理。

所以,女人要明白一个道理:朋友与朋友之间,玩的就是交换,交换友谊也就是交换彼此弱点。如果你把自己的优点和强项说出来,得到的也许就是对方的嫉妒。

幸福女人的开运锦囊
Xing Fu Nv Ren De Kai Yun Jin Nang

◎学会不在乎

某女和男友分开之后，百般痛苦，见谁向谁诉说前男友的"坏"：他脾气暴躁，没有责任心，不懂得疼人，见了美女更是走不动道儿……

很多女人念叨起前男友时，所有女人都变成了名副其实的祥林嫂。

实际上，不是前男友的坏在心中生根，而是因为女人的在乎。挣扎着走出一段感情，抽离的只是一个身子，而女人的心依然留在那里，等待着时间慢慢去把它扫地出门。

一切的痛和苦，皆因自己太在乎。

女人要学会不在乎，不在乎一个薄情寡义的男人，不在乎成功时别人妄自菲薄的猜测，不在乎……只要你不在乎，自然就不会有万分的痛苦挣扎。

是的，有些道理，女人一定要明白。

女人每天都应悦纳自己

一年有十二个月，三百六十五天，日子在一天天地过，时间在一点点地减少，想做的事情太多，可是得不到别人理解的事情也是层出不穷。

很多时候，无论你把事情做得多好，即使接近完美无瑕了，可还是得不到别人的理解，要么你被认为是唯利是图，要么就是被人轻而易举地挑出毛病或者瑕疵。这个时候，人就会变得很郁闷，甚至心情低落。

仔细想想，完全没有必要，任何事情都是相对存在的，有人喜欢你就有人不喜欢你，就算你是大腕巨星，就算你是奥运冠军，也一样会面对这种情况。喜欢你的人会对你报以掌声和鲜花，不喜欢你的人则会向你发出嘘声，甚至扔臭鸡蛋、烂拖鞋。这都是他们的权利，因为每个人的喜好不同、观点不一、想法各异，如果你要求他们和你有一样的思想，那简直是白日做梦！

这一点我是深有体会，小时候，妈妈给我和妹妹各买了一套红色上衣外加蓝色裤子，我和妹妹差一岁，所以妈妈买什么都是买两套。当看到那件红色上衣的时候，我喜欢得不得了，可是妹妹打小就对红色不"感冒"，妈妈让她穿新衣服，她哭着死活不肯穿，最后没办法，妈妈就强迫她穿，妹妹委屈地一把鼻涕一把泪地哭着和我一起去上学了。

没想到，中午放学回家，妹妹还在哭，说是不喜欢穿那件红色的衣服，后来还听老师说，妹妹一上午都低着头，默默地流泪……

妹妹有自己的爱好和想法，也许在妈妈和我看来这件衣服无可挑剔，但对妹妹来说恰好相反，我们不能强求她和我们保持相同的爱好。

现在想想实在是替年幼的妹妹叫屈,没有得到理解反而被强迫,这种滋味自然是不好受,可惜妹妹那时候年龄太小而自己的意愿被大人忽略,只能用眼泪来表示"反抗"。

每个人都有自己的想法,而且这种想法在某种情况下很可能得不到别人的理解。这时候不用太在意,这没什么大不了的,因为别人对你的观点或者看法永远不可能按你的想法来,你不可能让所有人都满意。

麦白自幼喜欢文学,大学毕业后一直从事文学方面的工作,为了能和同行多做一些交流,她自己掏腰包办了一个文学社,就这么一件事,说什么的人都有。

"她做这件事不就是为了出名吗?拿着办文学社做幌子纯粹是为了给自己增加名声。"

"有利可图她才那么做的吧,没利可图谁愿意做这事啊!"

"把大家召集起来是想推销她的那本书吧!真是动机不良!"

……

当听到别人说自己动机不良、是带着目的去做这件事的时候,麦白伤心透了,时时为自己的行为得不到别人的理解而郁闷。她想不明白,为什么在她看来那么单纯的一件事情,却得不到别人的理解呢?

每个人都希望得到别人的认可,希望别人夸自己漂亮、能干。实际上,就算得不到别人的理解也没什么大不了的。想一想,你是否也曾这样看待你的朋友呢,"她可真会巴结领导"、"她可真会来事"、"请我吃饭,不就是为了让我给她介绍个男朋友吗?"……

当你在想别人为何不能理解你的时候,别人也在想着同一个问题。只要自己能够悦纳自己,就算别人暂时不理解也没关系。过度地追求别人的理解,只会让你背上一个又一个沉重的包袱,顾虑重重,活得很累。

有朋友转告我说,某某人觉得我很傲慢,可有趣的是,我并不认识某某人。经过提醒，我才想起唯一的一次接触就是在同一张大桌子上吃过饭，而且还是谁也不认识谁的那种商务饭局。我只跟旁边的人说了话，跟其他的人可能只是交换了名片或者连名片也没有换，这种应酬上的疏忽就被定义为"傲慢"。

而我从一位同行嘴里听到的对我的密友的评论就更负面，这位密友是做商务运营的，被认为"浑身铜臭味，俗气"。我猜想，很可能是第一次见面时，我的密友就和他谈到了如何管理下属、如何用最少的报酬笼络住最好的人才等话题吧。而在我眼中，我的密友不仅热心，而且有胆识，有魅力。

每个人都在试图从自己的立场评价别人，这个立场十分多样化，这就如同"盲人摸象"，每个人摸出来的都是不一样的。一旦需求没有被满足，就会有"非议"出现。这就是为什么会有很多人大叫"活着太累"的原因，想讨好所有的人，不累死才怪。

在生活中，我们经常会遇到这种情况，有些人一味地迎合别人的看法，最后却迷失了自己。比如，在对一件事情发表观点时，总是附合"权威"人士的观点，虽然自己有不同的看法，却不敢表达出来；或者你总是按照别人的反应做决定，而不是按照自己的意愿做出决定等等。这显然是一种不自信的表现，而在按照别人的意愿卑微地活着，失去自我的生活还有什么意义可言？想必这种生活不是那么轻松。

做自己愿意做的事，就算没有任何褒奖也没关系，就算被人讥讽也没关系，想说什么就让他们去说吧。记住：很多的时候取悦别人是次要的，更何况很多时候无论我们做什么，都取悦不了别人。那就不如潇洒一点，学会悦纳自己。

女人不势利,地位不牢靠

有的女人就是因为缺少世俗观念,所以在人生的道路上才会走得更艰辛。而恰恰相反,那些懂得世俗道理的女人,在人生的道路上实现了一个又一个的梦想,活得有滋有味。如果你还不懂得一些世俗的道理,那从现在开始该是醒悟的时候了,必须去明白一些世俗道理,这对以后的人生大有裨益。

和对你有用的人做朋友

看到这个标题的时候，有的人会认为这也太势利、太庸俗了。因为按照传统的标准来看，交朋友不应该带有目的性，而应该是"以情会友，别无所求"，谁要是在交朋友的过程中注重交往对象的利用所值，然后想方设法接近他、利用他，这就会被认为"太势利"。但是，在现代社会，交朋友不能只停留在信息共享和情感沟通的基本面上，而却忽略了相求相助的实用层面，因为最终任何事情都要回归到现实的层面上来。

不能片面地把朋友间的相求相助都当成"势利"来看待。试想一下，如果有一个人，他既不能与你信息共享、情感沟通，也不能与你相求相助，你会与他交朋友吗？我想恐怕不会吧！所以，交朋友还是要有目的性的。

女人天生就比较感性，常常会因为一句话、一些共同的爱好就和对方成为朋友，但经过了解后才发现，其实当初的做法是草率的。

亚亚天生活泼，也爱交朋友，从上学到参加工作，交了大把大把的三六九等的朋友。凡是和她说过一句话两句话的人，她都能和人家成为朋友。这不，自从认识了一些不三不四的酒吧女郎之后，连班都不好好上，而且还经常彻夜不归。父母劝她不要和这些人做朋友，尽量远离这些人。亚亚却说："多个朋友多条路，酒吧里认识的人又怎么了，做人不要这么势利……"

本来亚亚的生活很有规律，平时除了上班，其他时间她都喜欢呆在家里看书画画。自从认识这些人之后，她就把大半的时间用在对她没任

何帮助的这些酒肉朋友身上了，浪费时间不说，人也变得越来越堕落了。

你现在是不是像亚亚一样，也常和可有可无的朋友在一起混？每次混完连自己都觉得是在浪费生命，但还是死撑着把它当作是讲义气呢？那么赶紧醒醒吧，下面我就来告诉你该怎样选择朋友。

二十几岁时刚踏入社会，结交的朋友，无非就是一些高中、大学同学，和外界接触的机会极少，即便接触一些高层次的朋友，别人也会认为你很势利，就会慢慢地孤立你，所以，二十几岁的时候还是让自己单纯一些。但是我们的生活不能永远停留在二十多岁，二十多岁只是一个阶段，我们会步入三十岁、四十岁，如果整天还是很单纯，没有企图心，这样的自己也太不求上进了吧！

穷也要站在富人堆里，经常和一些有思想、有见识的人交往，自己也会随着时间的推移被他们的思想所感染，对自己来说，这本身就是一个提高。人本来就分三六九等，也许你现在六等偏上，再努力一把，或许就能升到九等。

结交的朋友最好是那些人人都想认识的人，然后再确定哪些人值得深交，在他们身上投入更多的时间。但每个人结交朋友的标准不一，有的人喜欢结交比自己差的朋友，以便能从他们的羡慕中获得足够的快感，这类人害怕结识比自己强的人，总觉得在这些人面前自己是多么的渺小，只有和那些比自己弱的人交朋友，才会自信起来。

聪明的女人都会结交比自己能力强的人，不仅仅是为了拓展自己的人脉，更重要的是可以得到这些人的帮助，或是从这些人身上学到有价值的东西。

那该如何和这些比自己强的人相处呢？如果遇到可以交心的且物质和精神都很富有的人，你一定要让对方感觉到你的真心和诚意，即使你的初衷的确是为了提高自己，也一定要真诚以待，所谓"目的可以有，

真心不可少"说的就是这个道理。

年轻的时候是拓展人脉的黄金时段，在交朋友的过程中，要有意识的结识那些优秀的人。当然，对基本上已经定型的朋友，不妨把他们分分类，可分成A、B、C三类，A类是你认为最重要的朋友，能在事业上给予你帮助的人，比如你的上司、发展势头很好的同学等；B类则是那种对你目前发展所起作用不大的次要朋友，可以是同事，也可以是工作中结交的朋友；C类则是那种平时接触较少的朋友，可以是同性姐妹，也可以是异性朋友。

有个朋友几年前就曾对我说过："交朋友要交高档次、高层次的人。"直到现在，我才真正明白这句话，你和什么人交往，你将来就会变成什么样的人；你选择交什么样的朋友，就选择了什么样的未来。

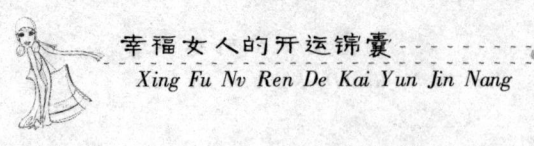

实现梦想不可缺少的几种男人

女人一路走来，有时候，可能并不需要自己血淋淋地去拼杀，只要善于"利用"身边的男人，就能很顺利地实现自己的梦想，这种男人就是女人通往成功和梦想的捷径。聪明女人的过人之处就是能让这些男人为自己搭桥又铺砖，好让自己的道路走得更平坦、更顺畅，借助男人的肩膀往上爬，这是她们的座右铭，这也是她们为自己未来规划所要走的一步。当然，还有一种傻女人，她们始终相信成功的道路上只能靠自己，她们个性独立，不愿接受别人的帮助，更是远离男人，一心希望通过自己的拼杀来获得成功，有时头破血流，离自己的梦想也越来越远。和聪明的女人相比，她们的亏就吃在不会"利用"男人上，不会借助男人的势力。那么，女人实现梦想的路上到底不可缺少哪几种男人呢？不外乎以下4种：

抓住老公这棵大树往上爬。老公是女人一生中最重要的一个男人，女人一定要嫁得好，因为嫁个好男人你一辈子都不用怎么奋斗就能享受到别人没享受过的，嫁个好老公，也能为实现自己的梦想助上一臂之力。像凤凰卫视主持人杨澜凭借老公这棵树一路攀升，又开公司，又做节目，有人说她现在拥有的一切都是她老公用钱砸出来的，也有人说她取得这番成就是凭借自己的才能。无论哪种说法，都肯定了杨澜的成功，她实现了自己一个又一个的梦想。当然，不排除自己的才能，但更为重要的是老公愿意花费巨资支持她，这就是一个女人的聪明之处。善于利用老公这个男人，不管这个男人付出什么样的代价，终究是为自己的梦想服务的，女人需要做的就是抓住这个男人，抓住这棵树往上爬，

让他心甘情愿地为你做任何事情。

充分利用关系很好的男性朋友。这种关系的朋友不在于处得好，而在于处得巧，处得恰到好处，又能为己所用。能处到这种程度，得费些心思，但女人通往梦想的道路中不能缺少这种男人，在关键的时刻，这种男人又能为你出点子，还能为你解决一时的经济危机，只要把这层关系充分利用好了，你在成功道路上就会多一些平坦，少一些障碍。

有个朋友让我不得不佩服，她就很会利用男性朋友，而且她的这些男性朋友都是位高权重之人，在关键时候总是能向她伸出援助之手。最近，她就在这些男性朋友的帮助之下，完成了一个大单子，她也因此一路爬升到部门经理的位置上。

非常欣赏你的男人。如果一个男人很欣赏一个女人，那这个女人可能就是这个男人心中的"皇太后"，他会把女人的需求看成是自己的需求，乐此不疲。当然，这种关系有可能转换成一种暧昧关系，女人要把握和利用好这种关系，把这种暧昧转化为自己爬升的梯子，借着男人这把梯子往上爬，也许会很快实现自己的梦想。

有权力的男人。权力能让你在处理各种事情的时候一路绿灯，有权好办事，说的就是这个道理。当然不一定是你要拥有多大的权力，只要你身边不缺少拥有权力的男人，你一样也可以成功。也许男人的一个电话，就会让你少走不少弯路。混得有声有色的女人，哪个身边都不会缺这种有权的男人。

无论是哪种男人，关系如果处理不当，都会传出绯闻，严重的话会影响到自己的家庭。这需要女人善于把握这种关系的度，既利用这种男人实现了自己的梦想，还能让这种友谊不变质。

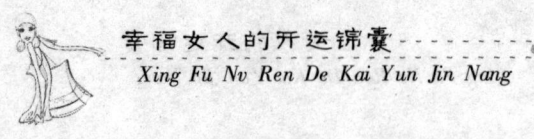

选择爱，不如选择被爱

年轻的时候，我们总会不厌其烦地做着这样一道测试题：面对三个男人，一个是你爱的，一个是爱你的，最后一个是你爱的同时也爱你的，你会选择哪个？几乎所有的女人都会选择第三个男人，认为那才是自己理想的对象。的确是，如果能碰到这样的一个男人，你应该毫不犹豫地嫁给他。可是，现实生活中，摆在我们面前可供选择的，却往往是前两个男人。于是有的女孩就毫不犹豫地选择了自己爱的人，认为只有那样人生才会无憾，但是聪明的女人不会做这样的选择，她们会选择爱自己的那个男人。

婚姻是女人一生中最重要的转折点，在某种意义上说，女人最大的成功就是选对结婚对象。所以在进入婚礼殿堂前，你要清醒地认识到自己结婚的目的是为了幸福，只有真正爱你的那个人才能给你幸福，才会疼你、宠你。

如果你已是适婚年龄，那就当机立断吧，绝不能再像二十刚出头的女孩子那样茫然，总是徘徊在爱我的人和我爱的人之间。你应该清醒地认识到婚姻的本质，既然无缘和那个你爱的，同时也爱你的人缔结婚姻，那么，就俗点，毫不犹豫地选择爱你的那个男人吧。

每个女人都是公主，是需要被人疼爱、呵护的，一旦你选择了那个你爱的人，就别再指望能得到这份疼惜了。这还不算，在你们的关系里，如果你的爱不符合他的要求，他还有可能随时离开你，并理直气壮地说："谁让你当初死乞白赖地嫁给我啊！"

当然也有例外，一个真正有爱的男人是懂得感恩的，你对他有爱，

他感激你,随着时间的推移,这种感激或许也会变成一种爱情,如果能遇上这样的男人,那恭喜你,你是幸运的,但是这种几率实在是太小了。

安菲非常爱她的男朋友,为了他愿意牺牲一切,但是,这个男人却始终不给安菲婚姻,直到后来,亲戚朋友催得紧,他才勉强和安菲结了婚。

婚后,这个男人酗酒成性,根本不顾及安菲的感受,只要他稍不高兴,就挑安菲的错,甚至还毒打安菲。每当安菲做出反抗时,他便扔给安菲一句话:"当初是谁死皮赖脸地追着我不放……"安菲的心伤透了,最后终于不堪忍受丈夫的自私粗俗,在三十岁的时候毅然和这个男人离婚了。

两年后,经过朋友的介绍,安菲认识了另外一个男人。可是第一次见到这个男人,安菲就不是很乐意,这个男人黑黑的,个子不是很高,还整整比安菲大了8岁。安菲想自己虽离过一次婚,可也不至于沦落到要和这样一个人在一起吧。于是,在见完那次面之后,安菲决定再也不要和这个男人见面。

男人很忠厚,不会说甜言蜜语,只是托中间人转告安菲,自己很喜欢她,但安菲毫不留情地回绝了中间人。说也巧,安菲的父亲忽然病倒了,是一种急性病,必须马上手术,可是高昂的费用让安菲犯难了。二十万啊!这么多钱让她去抢银行啊!怎么办?母亲去世早,在这个陌生的城市,父亲是她最后的亲人。

在安菲焦头烂额的时候,男人不知怎么了解到她的处境,毫不犹豫地从银行拿出自己的全部积蓄,又把房子抵押出去贷了一部分高利贷,然后他把这些钱全部交给了安菲。

安菲体会到了男人的深情,嫁给了他。婚后,男人对安菲更是加倍地宠爱,他会时不时地给安菲买些小玩意,总是能给安菲带来惊喜。樱

桃那么贵，但只要安菲喜欢，他从来不吝啬。要知道这个男人平时对自己是非常苛刻的，即使是抽烟，也只抽最便宜的。

男人所做的一切让安菲受宠若惊，因为从来没有人这么关爱过自己，和前夫在一起的时候，她从未拥有过这种真挚温暖的感情。

这是真实的例子，它用事实告诉每一个女人，多数情况下选择一个爱自己的男人，比选择一个自己爱的男人要幸福的多。选择自己爱的人，经营不好，最后受伤害的一定是女人。而选择了被爱，则选择了幸福和平静。更何况女人生来敏感，选择被爱，起码能得到一份安全感，被浓浓的爱意包围起来的女人一定是幸福的吧！

没有爱滋润的女人，终究会干枯而死。所以聪明如你，不要再去扮什么为爱牺牲的"高尚女神"，去选择爱你的那个人吧，只要你敞开心扉，幸福就在不远处等你。

幸福女人的开运锦囊
Xing Fu Nv Ren De Kai Yun Jin Nang

美丽不是吃饭的资本

在竞争激烈的今天，女人的美丽也是一种资本，女人可以利用自身的美丽去成就一番事业，但是不能把它当成吃饭的资本。青春易逝，红颜易老，试问当你的美丽不再的时候，你还能指望什么？

毕业之后，安妮凭借自身的条件轻而易举地得到了一份外企的公关工作，这可遭到了那些和她同专业的女同学们的嫉妒，大家的学习成绩都是不相上下的，凭什么她能到这家大型的外企工作？

实际上，她们心里都很清楚，安妮之所以能得到这份工作，全在于她秀气和娇美的长相，再加上高挑的身材，这样的先天条件是一般女孩儿所不能及的。

能得到这份工作，安妮自然很是得意。她认为自己条件优越，即使不在业务方面下苦功夫，照样可以保有这份工作。所以自从到这家公司上班之后，她变得很懒散。刚开始，部门经理认为她是新人，又看在她是美女的份儿上，也没对她做过多的要求。就这样过了几个月，她非但不求上进，反而变本加厉起来，迟到早退，每次都少不了她。自然，到了业务考核的时候，她没通过。最后，人事部门的一纸辞退书，终于下发到了她的手里。

一个女人美不美丽，那是硬件，先天条件不容易改变，但是一个女人的能力强不强，却是软件，通过后天的努力可以提高。当然，美丽不是错误，关键是要看你是否会利用这个资本。美丽能为女人提供更多的机会，但是至于干好干不好，还要看女人的才能和努力。

无论你从事什么工作，工作能力肯定是第一位的。因为一个公司不

可能聘用一个没有任何技能的"花瓶",除非这个老板有私心。所以,如果你在别人眼里还被认为是有点姿色的话,那千万不要掉以轻心,你还要学会修炼,提高自身的能力,做一只内外兼修的"花瓶",才是一个漂亮女人最大的成功。

前几天和朋友麦子在上岛喝咖啡,在谈到女人能否把美丽当吃饭的资本这个话题时,麦子委屈地向我诉起苦来。

麦子是一名律师,不可否认,她是个美女,因为美丽,所以她经常遭到别的女人的嫉妒。

"哎,女人的美丽有时候也会带来烦恼,上周我被事务所委派到一家企业做常年顾问,在我做好充足的准备与客户见完面后,事务所却通知我把此事转交给另一位同事。这让我很郁闷,愤愤地去找领导问到底是为什么,结果领导的回答真是让我尴尬,那家企业认为我长得太出众,怎么看都不像律师,怕影响他们以后的工作效率,所以硬是把我给换了。我没话可说,只能努力工作,让别人知道我是有很强的工作能力的。"

麦子的这些话触动了我,是啊,女人的美丽虽然是优势,但有时候也会被人误解。一个女人能让别人认可的,永远是她自身的实力。

说到这里,可能有些女人会和麦子一样觉得非常委屈,他们又没给我机会,怎么会知道我没实力?其实有能力的美女们,遇到这种事也不必觉得委屈,下面我们就来分析一下造成这种情况的原因。

说你"坏"话的如果是女人,那无可置疑这是一种赤裸裸的嫉妒,这是女人的劣根性,她嫉妒老天给了你一个美丽的外貌,又给了你内在的修养,这些着实让她们心理不平衡。当然,如果是男人对你有异议,那原因可能是他们错误地认为漂亮女人只是"花瓶",只能欣赏,却不实用。

其实,说一千道一万,最后还得归结到能力问题上,我们无法去阻

止别人内心的想法，但我们可以做得更好，可以让自己变得更加优秀，我们不但拥有美丽，也一样可以拥有实力。

聪明的女人一定要谨记：美丽可以利用，它可以成为获取成功的一种短暂的方法，却不是吃饭的长期资本，吃饭的长期资本永远是实力。

幸福女人的开运锦囊
Xing Fu Nv Ren De Kai Yun Jin Nang

幸福是需要"谋划"和"算计"的

写这一标题的时候,不得不谈一下我一个大学同学——米米。她的幸福就是用"谋划"和"算计"获得的,在通往幸福的道路上,她绞尽脑汁地"算计"和她幸福相关的每一个人。

米米不是那种漂亮的女人,但却聪明可爱,很讨人喜欢,在大学期间就受到不少男同学的青睐,那些男生有才气过人的、有英俊潇洒的,但米米都没有为之所动。大学四年,她只是默默地学习提高自己。

不是米米不想好好谈一场恋爱,她只是认为时机不成熟,这些人都不能给她最终的幸福,不到最后,她是不会轻易答应别人的,谁让她是一个善于"谋划"和"算计"幸福的女人呢!

毕业后,米米遇到一个男人,这个男人不但多金、善良,对米米也特别好,她这才把自己的丘比特之箭射向了他。事情总是不会那么一帆风顺,就在两人谈婚论嫁的时候,米米的未来婆婆却嫌弃她出身卑微,配不上自家儿子。这位老人甚至开始接二连三地给自己的儿子介绍对象,面对老妈的逼迫,这个男人也是进退两难。

未来婆婆的这种攻势米米早有预料,她和男人恳谈一次,知道他是真爱她的。于是,她变得主动起来,经常去看望未来公婆,给婆婆买了很昂贵的化妆品,还给公公送了他喜欢的茶叶,时不时地,她还把自己煲的汤带给二老享用,总之是里外讨好未来公婆。

最后,公婆欢天喜地地接纳了米米,米米很顺利地出嫁了。出嫁后的米米更是善于经营这个家庭,她的公婆都认为这个儿媳比自己的亲闺女还贴心。

米米的幸福正是得益于她精心的"谋划"和"算计"。如果她因为公婆的反对就此放弃了老公,那她可能就永远与幸福擦肩而过了。她的精明之处就在于,自己认为好的东西,能真心地用"计谋"去争取,正是这种善意的"计谋",才让她得到了自己的幸福。

女人要幸福,就要善于"谋划"和"算计",因为这是一个充满"算计"的时代,如果你不去"算计",最后吃亏的只能是自己。

"算计"说穿了就是自己寻求最佳利益的基准,俗一点,就是"算计"一下哪种情况是对自己最有利的,为了达到这种有利的情况,适当地运用些"谋划"的"手段"。当然,这种"手段"并不是要去害人或者为非作歹,而是一种善意的方法和手段。

当然,算计也要有的放矢,对准一个男人,下足功夫,去"算计"他的可用价值。也就是说,在做这件事的时候,要根据既得利益的多少去评估一下要不要做这件事,做了这件事之后有什么好处和坏处,都要分析到位。比如一个男人性格好不好、对你好不好、是不是诚实稳重等,这些都需要进一步考察,如果他这几方面都还算不错,那么他还是比较值得"算计"的。遇上这样的男人,女人要鼓起"算计"的勇气,有时候幸福就在一念之间。

不过,有的女人总是把嫁入豪门作为"算计"男人的目的,她们把心思都用在算计男人的金钱上,把男人口袋里的Money作为自己获取幸福的标准,却没有考虑到两个人的价值观念、生活习惯以及精神追求方面等是否协调。

事实上,物质基础只是评定生活质量的一个标准,精神层次的满足与否却是衡量一个女人幸福不幸福的根基。所以,如果你想要得到幸福,就不只要"算计"男人的金钱,更要"算计"这个男人的品性。

机会总是青睐于懂得"算计"的女人,如果一个人因为一时的感情受挫就一蹶不振的话,那无疑是一个懦弱的大傻瓜。难道你真的愿意把

生活的权利和幸福拱手让给他人?让别的女人住你的房子,花你的钱,睡你的老公,打你的娃?

所以,女人们,学会"算计"吧!天下没有白吃的午餐,只有学会"算计",才能得到属于自己的幸福。

闺蜜有时也需防一防

曾几何时,闺蜜成了我们倾心的最佳对象。情窦初开的年纪,倾心于某个帅哥,可以和闺蜜同眠于一张床彻夜长谈;在外受了气,习惯于向闺蜜倾诉;和老公闹了矛盾,拉上三五闺蜜在KTV乱吼一气以发泄心中之不满……几乎每个女人都拥有一个到几个这样的"搭档",因为有些事情不能向老公倾诉,更不能向所谓的蓝颜诉苦,只能向闺蜜大吐苦水。更何况扎堆是女人的天性,她们总喜欢一起逛街聊天,好像一个人就找不着北了。女人容易缺乏安全感,在没有男友的前提下,闺蜜就是她们的精神依赖。就像"Sex and the City"中的四位女主角,她们的男友换了一个又一个,但是真正遇到问题的时候,还是四个人聚在一起,商量、解决问题。

闺蜜之所以叫闺蜜,正因为她甜如蜜糖,能够滋补生活的空虚与无聊。另一方面,闺蜜之所以叫"蜜",就肯定和秘密有关。想一想,在你的生活中,是不是很多难以启齿的问题,只可以对身为闺蜜的她说?如果你回答"是",那么问题就来了,你想过吗?闺蜜对你了如指掌,就因为你,同样也对你男友了如指掌。既然你们在某些方面是相通的,男友会爱上你,也就有可能爱上你的闺蜜。

所以,请切记,闺蜜再要好,依旧需要防一防,正如蜜糖再甜,如食用不当,仍旧能钻空你的牙齿,叫你有苦难言。这不是事情本身决定的,而是女人的天性决定的。而且在生活中,经常上演着这一幕幕与"闺蜜"相关联的事件。

菲尔是一个普通女孩儿。与其他女孩儿一样,有一个非常要好的闺

蜜，她们之间无话不谈，一天二十四小时，其中有十二个小时腻在一起，一起到单位食堂打饭、共用一个餐盒、衣服互穿、挤在一张单人床上窃窃私语……菲尔个性直爽，不管发生了什么事儿，快乐不快乐的，甚至包括和初恋男友的第一次接吻、第一次性生活、第一次被洪水般的幸福冲昏了头脑等个人隐私，都喜欢与闺蜜分享，一股脑儿地倒给闺蜜听。当然了，她受了委屈、受了伤，闺蜜也会第一个冲上来抱抱她，拍拍她的肩来安慰她，并且和她共同指骂那些负心男人薄情郎。

最近，菲尔谈了一个男朋友，认定这个才貌双全、智勇无双的男人就是自己的归宿，终于下定决心把自己托付给这个男人。女孩子要嫁人了这是多么兴奋的一件事啊，兴奋之余，把自己的乐事儿告诉了闺蜜，而且还时不时带着闺蜜一同去赴这个男人的约会，一起吃饭、聊天，两位有情人公然在闺蜜面前眉来眼去，两人间的约会从此也变成了三人行。沉浸在幸福中的菲尔都找不着北了，以至于没看出闺蜜眼中的异样和男友的变化。

没过多久，那个男人突然向她提出分手，给出的理由是：我们之间性格不合适，将来也不会幸福，我也接受不了一个爱情履历如此丰富的新娘……菲尔伤心透了，怎么也想不明白这个男人为什么变得如此之快。与此同时，她发现曾经的闺蜜对她也是越来越冷淡了，甚至爱理不理的。没过多久，闺蜜从宿舍里搬了出去，说是自己已经订婚了。当菲尔准备去祝贺她的时候，却在一家婚纱店，看到闺蜜和一个男人——她曾经的未婚夫正卿卿我我、甜甜蜜蜜地手拉手看婚纱……一切疑云都解开了！自己的感情经历从未向这个男人提及过，他竟然知道得一清二楚。当初的菲尔还以为男人是为分手而找借口，看来菲尔的猜测错了，这个男人对她了如指掌，就是因为自己曾经的闺蜜。曾经最亲近的姐妹，此刻变成仇人，闺蜜也并不否认自己做了回第三者和小人。

这就是闺蜜，该出手时就出手，毫不念及曾经的情谊。女人啊，当

被闺蜜撬了男友，不要再一味地指责他们是狗男女，这个时候你要反省一下，是不是自己引狼入室？

可以这么说，女人对女人说多了幸福，接下来的一定是嫉妒和排挤，哪管是亲姐妹、干姐妹、闺中姐妹。所以，女人啊，自己幸福，偷着乐乐就好，不要拿着自己的幸福像做展览似的让别人眼馋个够，尤其是有时候不能过分地向闺蜜大晒你的幸福。她与你是闺蜜，自然知道你所有的秘密，对你的底细一清二楚。你们可以成为朋友，说明彼此有很多共同点，甚至对男人的审美都大同小异。如果她起了歹意，想对你做点什么，简直易如反掌，知己知彼，百战不殆。所以，闺蜜间可以倾心，但也要为自己留一手，不能毫不保留地把自己赤条条的展示给闺蜜。

有些秘密只能自己知道，当你最信任的闺蜜知道了你的秘密，这个秘密就成了她的秘密，她把这个秘密又告诉她最信任的人，这样一来，秘密就在"最信任的人"之间流传，并没有"泄露"。有多少女人因为秘密被闺蜜泄露，而怨恨闺蜜或者与闺蜜决裂？

闺蜜是女人枕边的娃娃，让我们放松和愉悦。但是请牢牢记住，凡事都下有底线、上有天条，绝对的自由与信任是不存在的，请你遵守这份般若波罗蜜，保护你的友情，也是保护你自己。聪明的女人都应该和闺蜜保持适当的距离，可以和闺蜜互吐心声，但也要为自己留一手。

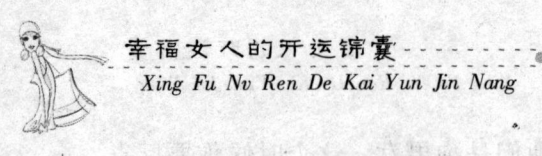

有蓝颜知己的姐妹们,请举手

不知道从什么时候开始,男女之间的关系逐渐演化为一种微妙的知己关系,她是他的红颜知己,他是她的蓝颜知己,这种关系间的情感温度比朋友多一点,又比恋人少一点,处于一种模糊的状态中。

在公司里遇上麻烦他准是你倾诉的对象;大街上你的车抛了锚手机一拨他准来;每次你失恋他都会及时出现;每回搬家他都是绝对主力;结婚后吵了架他会陪你看通宵电影;离婚后每次对男人动心你都找他商议……他与你从未有过肌肤之亲,他不是自己的兄弟、不是丈夫、不是情人,他大概算是一个自己的知己吧——一个真正的蓝颜知己。因为男人和女人有着本质的区别,在对待事物的观点也有着本质的区别,所以说,女人在生活中需要有闺蜜,但有时候也需要一个真正懂自己的蓝颜知己。

实际上,在遇到困惑、需要倾诉的时候,偶尔尝尝"蓝颜知己"的味道,想来也不错。《画皮》这部电影已被我看了不下三次,前段时间蜗居在家中又重温了一遍,不知不觉羡慕起赵薇扮演的佩容,因为无论何时都有勇哥为她保驾护航,什么时候都能给予她最有力的支持。在佩容最需要他的时候,他毫不犹豫地拿起剑为她斩妖除魔;当她回到幸福中去了,他就收起剑行走天涯,再次等待她下一次的召唤……这就是蓝颜知己,这种关系有别于佩容的丈夫。不知不觉感到能拥有像勇哥这样的知己也是人生中很快意的一件事。因为女人有很多话不能告诉自己的老公,也不能告诉身边最亲近的闺蜜,于是就去寻觅这么一个男人——关心女人、爱护女人,可以是兄弟、好哥们儿,但对方没有把自己当成

女人，自己也没有把对方当成男人。这种关系虽然有点暧昧，但又不是爱情，不是男女情人之间的那种关系，彼此之间只是互相依赖，这种关系就是蓝颜知己与红颜知己的关系。知己可以说心里话，却不能相互取暖，知己之间唯一的取暖方式只能是心灵的取暖……

刚在一个QQ女性群里发了一条"有蓝颜知己的姐妹们，请举手"的信息，各位姐妹们就像炸开了锅的蚂蚁，"噼里啪啦"你一言我一语地热聊起来。

平时在群里很活跃的"夏日的风"第一个踊跃发言，"我有好几个蓝颜知己，平时就像好哥们儿、好兄弟般。怎么说呢，我对他们也没什么要求，就是每次遇到各种不同事情的时候，我就会想到他们不同的人。比如说，上次我妈妈去医院看病，我就想到了A君，因为他就是医生，找他最合适不过了；再比如说还有一次我被我们头儿训斥了一顿，当时情绪特别低落，我一下子就想到了B君，一个电话拨过去，用不了多久，他就会出现在我面前，无论我说什么，他都只是默默地倾听，绝对是一个好听众……虽然我和他们不经常见面，但心里感觉很踏实，因为无论发生什么事情都不用担心会独自去面对。"

总是潜水的"Spring"也出奇不意的露了一下脸，"我有个从小玩到大的伙伴，我们从幼儿园到中学一直在一起，大学也离得很近，毕业了又在同一所城市工作。所有人都很看好我们，希望我们能发展成恋人，不过我们之间好像根本不来电。在参加工作之后，又各自找到了男、女朋友。不过，他在我心目中始终占据着很重要的位置，就像我的哥哥一样，有个像哥哥一样的蓝颜知己真的是很受用的一件事……记得有一次，我和男朋友吵架了，我第一个想到的就是他，他听我倾诉，替我'出气'，甚至为我和男朋友去谈判……"

网名为"月上海堂"的一位女人再也按捺不住了，"什么是蓝颜知己啊？就是男朋友、老公以外的异性朋友吧，不过这种关系很难把握，

距离近了产生暧昧，距离远也又谈不上什么知己……"
……

看来，大部分姐妹们对于蓝颜知己还是持欢迎态度的，而且，她们大部分都拥有自己的蓝颜知己。拥有蓝颜知己的最大好处就是有了烦心事和闹心事，能找人一吐为快，他能安慰自己；也能帮自己排忧解难；即使是一点点小事，他都会站在一边坚定地说：我会永远支持你！一个可靠的蓝颜知己便成了倾泻情绪垃圾、指点迷津的最好选择。如果你的生命中能够拥有这样一个男人的话，请你一定要珍惜他，别再对他挑剔或者提出更多的要求，因为当你挑剔过多之时，你们之间的这种关系可能就变得更加复杂，这本身就失去了蓝颜知己的本质和韵味。

最后，还有一点我一定要提醒你，和蓝颜知己交往一定要注意分寸，给彼此一个最合适的位置，一旦越过了这个位置，马上喊停。保持熟悉而又不很暧昧的关系，这也是一种交往智慧。

女人,时刻都要优化自己的形象

男人看女人,永远都是从脸看到身段,再从身段看到脸。作为一个女人,无论是为了迎合男人的心思,还是为了悦纳自己,对于形象问题,一刻都不要懈怠。我们提倡女人可以通过修饰让自己变得更加美丽起来,但是,这种美丽一定要建立在健康的基础之上。

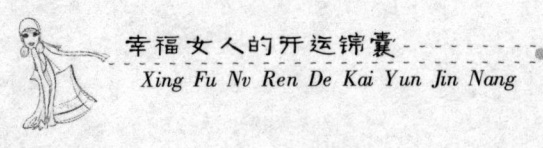

年轻娇嫩的脸庞，藏起你的"真年龄"

小时候总是盼望自己快快长大，能像邻家姐姐那样穿着时尚，化清淡雅致的妆，再背一款别致的包，于是每当别人问起年龄，总是要把自己的岁数说得比实际年龄大一些。二十、二十五、三十……这些曾经对我们来说是一个多么遥远的数字，现在却像天空流星一样，忽然划过夜空，还没感觉到年轻的美妙，却已步入成年女人的行列。回头，却无可奈何的发现，我们已经站在青春的对岸，青春已一去不复返了。

尽管时间无情，但我们仍要想尽一切办法留住青春的脚步，让青春在我们的身上做最大程度的保留。时间不会为谁而停留，尽管我们无法与时间抗衡，但我们可以和自己赛跑。

留住青春的第一步就是要留住娇嫩的皮肤，对女人来说，肌肤保养的问题时刻都不能懈怠。如果不及时保养，肌肤会老化的很快；如果保养得当，岁月会还你一张二十岁的娇媚脸庞。

最近有一件让我感到烦心的事情就是有个学生妹喊我阿姨，喊就喊吧，三十岁的人了，再不当阿姨，别人还以为你装嫩呢！但让我心里倍感不平衡的是她却喊我同学姐姐，这着实让我烦恼了好久，同样是三十岁的女人为什么她可以当姐姐而我却要当阿姨？同学当即取笑我："看你每天只知对着电脑敲啊敲，却不懂得如何呵护自己的脸，三十岁的人了，再不注意保养自己，岁月就会无情地催老你。"不禁对着镜子照了照，微小的皱纹已悄然爬到眼角，嘴角也来了个大大的括字弧，再看看我同学，比我大一岁，可俨然一个二十刚出头的小姑娘，柔嫩的肌肤、大方的着装、淡然的微笑、曼妙的身材，看着我都心动了，难怪那个学生妹对我们俩这样不公平呢！这种不公平自然是有道理的。

女人的容颜老的太快，过了二十五之后，就像花儿过了盛放的季节，开始有些许凋零的痕迹了，这是自然规律。肌肤是世界上最禁不起岁月考验的东西，二十五岁以前光鲜柔嫩无比的肌肤，或许曾是自己最大的骄傲与资本；三十岁肌肤开始暗淡了，犹如皎月蒙上了一层暗淡的乌云，虽然失去了往日的光芒与亮丽，但是如果我们能够精心呵护、细心保养，即使是饱经岁月磨砺的肌肤，依旧可以重新焕发出青春的光彩。

舟舟是我认识的女性朋友中最爱臭美的一个，光在自己脸上的投资每年就不低于一万元，用她自己的话说，宁愿少买些衣服和鞋子，也绝对不吝啬自己的脸庞。

自从毕业参加工作之后，舟舟就加入了"美容族"的大军，到现在已经有6个年头了。而且她还有一套自己的保养理念，经常对周围的朋友宣传："女人就要趁年轻时多保养，这样才能留住美丽。""多爱惜自己的肌肤，别人才能多爱自己一点。"在她的嘴里，能说出一大堆的保养心得和理念。她觉得，美容是间断性保养皮肤的最好方法，而且正规的美容院还是很值得信赖的，有专业的美容师来指出改善皮肤的建议，这让舟舟受益匪浅。最重要的是常年在同一家美容院护肤，在价格方面也是非常的合适，这也是让舟舟最为满意的。

当然，做美容只是舟舟宠爱自己的脸的一个方面，平常在护肤方面，舟舟也是下足了功夫，她会针对美容师给出自己皮肤的建议，再去购买适合自己皮肤的护肤品。可以说，她对自己皮肤的呵护就像对待孩子一样那么细心、耐心。

长年的脸部投资让舟舟获得了极大的回报，毕竟她那亮泽的皮肤不是每个三十来岁的女人都能拥有的。

男人的面子是女人，女人的面子就是拥有好的肌肤。想要保持健康

润泽、有透明感的皮肤，必须要下足功夫来呵护肌肤，像随时给肌肤补充水分啊，适当的美白和去皱啊，另外，像科学的化妆啊，这些都是保养肌肤的重头戏。一个女人即便是天生丽质，如果不注意对肌肤的呵护，在风吹日晒的折磨下，衰老也会不期而至，所以，对于女人来说，"面子"功夫始终都不能缺少。

有的女人总认为反正已是老公的人了，一家人还在乎那个干嘛！不仅不在"面子"上下功夫，还把自己弄的邋里邋遢，里里外外把自己装扮成一个家庭主妇样。不仅遭来老公的嫌弃，还让自己失去了很多的机会。因为一个女人能赢得别人的青睐，首先必是"面子"上得到别人的认可。试想，一个人老珠黄的家庭主妇，谁还愿意与之交往呢？她还能得到多少机会啊？

有的女人会说：时间都给了工作、孩子、公婆，哪还有自己的时间啊？那我告诉你：如果你现在没时间呵护自己的肌肤，那将来你老公同样也没时间呵护你。所以说，无论多忙，每天都要抽出点时间呵护一下自己的肌肤，藏起你的真年龄，造就一张二十岁的脸。

栽培美貌，就等于栽培自己的人生

在这个社会，美女经济、美女现象越来越被大家所认可了。美女是拥有特权的，具备中等实力的人实在是太多了。如果能力不是极为出色，那么在机会面前曝光率高的人极有可能成功。

有一句俗语说：美丽的面孔是一半的好运。我们生活在以外貌装扮为主流的时代，如果不关心自己的外在形象，这无异于就是不关心自己、不关心自己的命运。现在和过去不同，在漂亮和健康成为同义词的当下，粗糙的皮肤和肥胖的身材愈来愈不合时宜。不注重自己的外貌，将来也会受到和不注重内涵一样的待遇，甚至情况更为糟糕，受到男人的冷遇。

天成和紫林是一对恋人，在上学期间，是紫林主动追求天成的，紫林的善良及款款深情深深地打动了天成，两个人很快就确立了恋爱关系并坠入爱河，但最近天成却极其地烦恼，深深地自责当初的决定。

天成最大的烦恼还是紫林的相貌问题。他们俩刚开始交往的时候，天成并不在意紫林的相貌，但随着两个人大学毕业到参加工作两三年的时间，天成越来越在意自己女朋友的相貌，看着紫林的长相，他是越来越失望，而且更重要的是她还不喜欢打扮自己。每次看到紫林灰头土脸的长相时，天成心里总是隐隐不开心，两个人的感情也慢慢变淡。有时候参加同学、朋友的聚会，天成甚至都不愿意带紫林参加，认为紫林的长相太寒碜，会让他没面子。天成知道这样做很对不起紫林，但他还是忍不住地去在意紫林的长相。后来，天成总是婉转地提醒紫林该打扮一下自己，而且还帮她买了很多漂亮的衣服，但这样做还是改变不了一切。

"难道你也这么虚荣只喜欢花枝招展的妖精吗?这样自然的我难道不好吗?"不管三七二十一,紫林总会对天成的善意责骂一番。

天成的内心痛苦极了,不能向女朋友提出分手,但是两人之间的感情却只退不前。难道天成真的是大家公认的俗人吗?

喜欢美女是男人的天性,永远不要因为这条理由去鄙视男人。即使一把年纪、经历沧桑的老男人都会把女人的相貌放在第一位。虽然很多男人口口声声说女人只要善良贤淑即可,但在他们的内心里,善良贤淑永远只排在相貌之后。可见,女人最为吸引男人目光的永远是相貌和身材,女人应该彻底了解男人的这点小思,不要被他们真实的谎言所蒙蔽。

说到这里,可能会有人提出不同的想法,"栽培美貌的目的难道就是为取悦男人吗?"有这种想法的女人们,我劝你们要立刻打住。这里我所说栽培外貌的意思,并不仅仅是想做给别人看,更是为了取悦自己,为自己赢得一张通向美好人生的通行证。因为只有对自己用心的人,才会更了解自己,知道了自己的长处,才能获得自信,走向成功。

女人就是要做最美丽的自己,花些时间和精力在自己的美貌上,并非是一种浪费,而是一种好心态的象征。也许有的女人会说:我既没有瓜子脸,也没有双眼皮、樱桃小嘴,所以我与美丽无关,再怎么打扮也不会变成美女。谁规定说"美女"一定要有瓜子脸、双眼皮、樱桃小嘴?虽然上天没有给予我们一幅美人胚子,但幸运的是,我们还可以尝试适合脸型的多种发型,也可以通过化妆,使自己的五官更加精致,还可以穿高跟鞋,来弥补矮个子的缺陷,丝巾、丝袜等一些看似微不足道的小物件,也是可以为女性的美丽加分的。

要记住比起金钱,栽培外貌更需要诚心和努力。不论多么疲倦,各位美女们也要注意搭配好第二天出门要穿的衣服,不要临出门前再翻箱倒柜地找,这样不但耽误时间,匆匆忙忙中可能还会丢三落四,影响心

幸福女人的开运锦囊
Xing Fu Nv Ren De Kai Yun Jin Nang

情。永远要以最得体的打扮出门，因为，也许就在你转弯的墙角，会遇到今生至爱的人。不能放过每一个细节，一秒钟都不能懈怠。无论你是居家女人还是白领丽人，在任何场合应该做何种装扮，精明女人都会有最恰当的安排。即使是周末的午后，在阳台的躺椅上小憩，也要穿上最雅致的便服。

实际上，栽培美貌并没有像想象中的那么困难，只要我们在生活中稍加注意一下，就可以像栽培鲜花一样来栽培自己的美貌。要相信：世界上根本没有天生丽质的美女，不靠打扮又能保持美貌的女人太少了，那张白皙柔嫩的肌肤绝不是天生的，而是长期护理的产物；那些拥有曼妙身材的女人，在减肥的道路上不知道撒了多少汗水……所以，只要有时间，随时都要将自己打扮得美美的。

像美女一样装扮自己，可以让别人觉得你就是一个美女。清晰温和的语调和表情，有风度的行为，这样的女人愈看愈觉得美丽。只要你坚持打理自己，认为自己是个美丽的女人，那么你就可以树立自己的美女形象和信心。

女人，时刻都要优化自己的形象

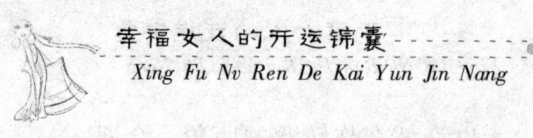

为自己花点心思，做优雅女人

等等，各位读者朋友在读这节之前先要弄明白一个问题，这个问题就是：金钱是买不来雅致的，女人不是因为有钱才优雅，优雅的女人也不一定就有钱。

对于这种说法，也许你会有不同的看法和观点，"我倒是想做个优雅的女人，可是没有钱，哪来的优雅？"

谁说有钱就能买来优雅，没钱就无法优雅？优雅的女人是雅在骨头里的，不是用钱就能装扮出来的。

记得有一次去参加一个朋友的婚宴，席间有一位"高贵"的女人。没错，她的穿着的确是够高贵的，高档礼服，名牌手提包，全身上下尽显珠光宝气，更重要的是她还绝对是一美女。

可就是这样一"高贵"的美女，却让在座的各位大跌眼镜。在正菜还没上之前，桌子上仅有的几碟瓜子和喜糖已全部被美女纳入自己的腰包，并口口声声说拿回去给外甥吃。我们不反对她对外甥的疼爱之心，但是她的这种举动实在是让人不敢恭维，该说她是没有涵养的美女还是不懂人情世故的花瓶呢？更离谱的还在后面呢，当正菜一一上桌之后，美女就跷着二郎腿（这一举动与她的礼服以及造型简直是太格格不入了）开始胡吃海喝，还不时地发出声音，看到自己喜欢吃的菜，不管不顾，伸腰前探，露出若隐若现的胸衣带，只要是女人一看就知道这胸衣配不上那套高贵的礼服。最要命的是，用餐完毕，她不顾及大家的感受，拿起牙签开始剔牙，用龇牙咧嘴来形容她此时的表情真是一点都不为过。

与这位尤物形成鲜明对比的是坐在我旁边的一个女人,她谈不上漂亮,但总是面带微笑,穿着简单,一件合体的布旗袍刚刚好勾勒出她完美的曲线,全身散发出来的一股清香让人有一种脱俗的感觉。更重要的是这名女子非常有修养,在正菜上来之后,她总是很有礼貌地把菜盘转到年长者面前,之后陆续地转到每个人面前,最后才转到自己这儿。她静静地吃着饭,轻轻地夹着菜,没有任何声音,在适当的时候,她举起酒杯一一敬大家,连身边十来岁的孩子她都关注到了。在果盘上来的时候,她又逐一把牙签发给大家,遇上这样的女人,身为女人的我都有点被她迷住了。

两个女人两种格调,一个美丽、衣着华丽,却过于粗俗难谈优雅;一个长相一般、衣着简单,却又彰显出一种温婉的魅力。通过对这两个女人的比较能得出一个结论:钱与优雅不成正比,钱不是优雅的装饰者,骨子里散发出来的那种蕙质兰心才是永恒的优雅女人。

这是对优雅女人很范围化的一个阐述,那具体到细节,优雅女人是怎么做的?优雅女人很注重细节,在穿着上,外衣可以很普通,但一定干净合体、剪裁精细。内衣也必定是很讲究的,一件文胸的价格或许比一件外套还要贵上许多,完美地勾勒身体的曲线,举手投足之间,性感便若隐若现。优雅女人的身上总是有一种清香,她懂得得用淡淡的香气去修饰自己的美丽。优雅的女人总是很有礼貌,很有修养,很自然,不刻意表现。优雅女人虽然有时经济拮据,但是却过得很精致,一棵大白菜都能被她做出无数个花样来……

优雅女人的表现有很多,总的来说就是温文淡雅。但生活中粗俗的女人也是处处可见,就像上例中那位着光鲜亮丽,但行为以及一些细节却极其粗陋的女人。就是这些小细节却能让女人的苦心经营轰然倒地,就像有的女人虽然脚上穿着上千元的精美女靴,鞋面上却满是泥点或者是落满的一层灰尘早就掩盖掉了鞋子的光彩;一手拎着LV的包包,一手

却拿着冰棍，一路走一路吃，吃完了把那些包装袋随手一抛；早上像打仗似的，匆匆地用刚洗过的被单把鞋一擦就走人……在生活里，经常会碰到这些生活粗枝大叶的女人。相信大部分女人当听到别人评价自己是个没品味的女人的时候，心里的那种滋味肯定是不好受，宁愿被别人说丑，也不愿被别人说没品味。因为一个人的长相是天生的，没办法更改；而品味则是后天培养的，它涵盖了一个人相貌之外的更多的东西，是一个人综合素质的体现。

总的来说，花钱多少与优雅没有任何关系，一个女人的优雅并不是由她的财富决定的，优雅是一种态度、一种心情，更是一种智慧和气度。不用花很多钱，我们一样可以让容颜精致，生活精致，心情精致。就像一个人的穿着，并不在于有多么华丽，而在于搭配的恰当和得体。有的人虽然全身名牌，珠光宝气，但留给人庸俗的感觉；有的人仅仅是简单的牛仔加T恤，却也能穿出自身的气质。所以说，精致和优雅的生活，并不是由品牌和金钱来决定的，它来源于你骨子里的"精品意识"。

时时都不忘关注自己的线条

记得有位女星曾经说过："一个女人连自己的身材都控制不了，那这样的女人一辈子也成不了气候。"的确是，女人一旦胖起来，怎么看都跟品味和气质无缘了。

拥有一个好的身材总是能得到别人的关注，纵使没有天生秀丽的容貌，但得到的回头率却会居高不下。许多女人虽然知道好的身材是魅力女人的一大资本，其重要程度有时候大于容貌，但就是坚持不下去，看到美食就管不住自己的嘴巴，宁愿一整天睡懒觉也不会抽出一个小时来锻炼身体。对于一个结婚生子的女人来说，更是不以为然，她们有时候暴饮暴食，生活极其不规律，总以为自己反正嫁出去了，孩子也有了，还在乎那些干什么？却不知道老公正在用一种嫌弃的眼光看着她，因为大多数男人都很在乎老婆的身材，虽然有时候他们嘴上不说，内心比谁都渴望拥有一个魅力四射的老婆。为什么男人见了美女会有很强烈的欲望，最关键、最令人着迷的是女人那凸凹有致的身材。

以乔四十多岁，已是两个孩子的母亲，但她面色红润，身材依旧如少女般，这让周围的朋友嫉妒不已，纷纷叹道：上天是多么的不公平，把一个少女般的身材给了一个四十多岁的女人。以乔是多么的幸运啊，她虽然人到中年了，但凭借一副好身材让她的风度魅力还是不减当年。

有一次，去参加一个同行的会议聚餐。用完餐后，有几位男士执意要留名片给以乔，并且多次嘱咐要多沟通、多联系。不就交换个名片嘛，以乔也没多想。结果第二天，以乔就同时收到两位男士的求爱短信，一位是这样说的："我相信一见钟情，当我第一眼看见你的时候，

我觉得上天是多么的眷顾我啊！能邀请你共进晚餐吗？"，另一位则更直接，"你有男朋友吗？你觉得我怎么样？能做你的男朋友吗？请不要着急给我答复，想好之后再回复我。"收到这样的短信，以乔真是手足无措，怕自己的老公误会，她直接把短信删除，之后给两位男士分别回了个电话，告诉对方自己是有老公、有孩子的女人，这让两位男士惊叹不已，他们对以乔是赞美了又赞美："没想到你的身材保养得那么好，就像二十来岁的小姑娘……"

一个女人，瞬间最打动人的是什么？不是光洁的皮肤，也不是美丽有神的大眼睛，而是身体的形态。

聪明的女人往往在婚后更加注意身材的保养，更加关注自己的线条，因为她们非常清楚男人是食色动物，自己没有足够的魅力留住男人，那男人只能到外面去"偷"。对于女人来说，该如何保养自己的身材？有时候拥有一个好的身材并不难，只要你能够在平日里做好塑身功课，日积月累，好身材自然会随之而来。

◎ 胸部挺起来的女人更加迷人

结婚生过孩子的女人，往往胸部下垂，如果不注意保养的话，后果将更加严重。所以，女人在买胸罩的时候一定要买质量好一点的，更不能不戴胸罩，还要经常做胸部运动，让自己有一个美丽而坚挺的乳房。

◎ 做个迷人"腰"精

记得一个女领导和我说过，女人有一个细腰的话，身材自然会好起来，她还告诉我们一些简单的瘦腰运动，比如说收腹、仰卧起坐、转身等都是非常不错的运动。难怪将近四十的女人还保养得这么好，柳腰迷人，气质优雅，老公尽管是商场上的大人物，但对她还是百依百顺、呵护有加，也从来没闹过什么绯闻。看来，女人得对自己好点，你现在对

自己不好，将来老公就很容易对你不好。

要想拥有迷人的细腰，实际上也很简单，最有效的做法就是多做些运动，只要动作到位，并适当控制饮食，用不了多久，腰上多余的肉肉就会悄然消失。

◎ **美腿其实不费劲**

生活在大都市中的女人，每天最主要的场所和地方就是办公室，一连数个小时坐在办公桌前，这样容易造成腿部臃肿不堪，于是乎，信心与美丽渐行渐远。只能采取措施了！节食、跳操等什么都试过了，可是依然没用。其实，要想让自己的腿部更加迷人，不需要刻意的节食或者大量的运动，只要在平时多加注意，比如说上楼梯尽量不坐电梯，多为美腿制造机会；还有平时走路的时候，可大步的迈开，即使是去五米开外的厕所；坐椅子的时候将两条小腿用力盖在一起，从一数到八后再交换两腿，重复该动作N遍等。美腿就在这些无意识的小动作中形成了。

总之，时刻关注自己的线条，那是女人一生的事业。只要你用心，拥有好身材并不是件困难的事情。要相信自己，相信自己一定会拥有完美而健康的身材，只要持之以恒，美丽身材离你并不遥远！女人在塑造自己苗条身材的同时，也塑造了自己完美的人生。这样的女人当然不能小看！

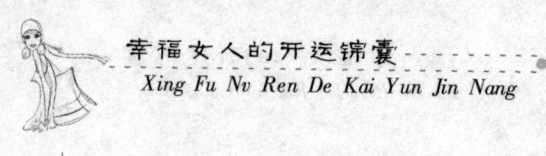

要美丽，但是美得也要有所节制

美丽是女人的一种资本，如今的社会，靓丽的容颜已经成为众人瞩目的焦点，很多女人把追求美丽的形象列入自己最大的目标。为了拥有"美丽"这个尖端武器，她们会不惜一切代价，甚至是以身体的健康为代价。

我们提倡女人可以通过修饰让自己更加美丽，但是修饰不能过度，比如为了美丽，不惜采取隆胸整形、吸脂瘦身、隆鼻整形手术等极端手段。当然了，这种整形医院也是多如牛毛，只要随便在百度等搜索网站敲打"整形"几个字，相关的美容、整形信息就会铺天盖地而来，也许商家正是抓住了女人爱美的这种心理，所以才衍生出那么多与美丽相关的名堂。为了能让自己变得更加迷人一点，女人是非常愿意为自己的形象花钱的，而且据相关资料统计，整形美容产业已成为继房地产、汽车、旅游和电子通讯之后，成为我国第五大家庭消费热点，近五年来，更是以15%以上的速度增长。还有一组资料显示，在减肥一项上，市场消费容量以每年10%~20%的速度增长，2000年就已经突破一百亿元，其中还不包括诸如抽脂之类的医疗性减肥消费。所有的这些数字表明，女人是越来越在乎自己的形象，越来越爱臭美，也越来越爱自己，花些钱让自己变得更加动人起来，这本来是一件好事，但是物极必反，如果爱美得过了头，给自己带来的后果将是不堪设想的。

Daisy，26岁，在一外企做公关工作。在别人眼里，Daisy已是一位很迷人的美女，白皙的皮肤，164厘米的身高，94斤的体重，B80杯的美胸，这样的身材不知要美慕死多少女人了。可是，Daisy还是对自己的身

材不够满意，她倒不是觉得自己胖，而是觉得自己的胸部不够凸，弧度还是不够迷人，这可成了Daisy的一块心病。

　　有一天逛街，路边的一小广告上显赫的"丰胸，让你迷死人"几个字吸引了Daisy的眼球，她立即记下了电话，回家就给对方打电话咨询。为了让自己的胸部更迷人，Daisy决定花重金进行隆胸手术。当时的Daisy对于隆胸手术常识一无所知，就盲目地选择了这家整形医院做了手术。

　　手术完后，Daisy的胸部的确看起来大了一杯罩，而且也更加坚挺了，就在她洋洋得意手术的成功之时，却发现每当她走路或者做出低头这样的小动作时，总是会觉得那两个美胸在肆无忌惮地乱动，有好几次都让她尴尬不已。Daisy认为也许是刚做手术还不太习惯，过一段时间就会适应的。就这样过了半年，她越来越觉得美胸不对劲，用手摸起来都有点硬硬的，而且看起来都有点变形的感觉。这时Daisy慌张了，经医生检查，Daisy之所以会出现这些不良现象，是因为假体隆胸过大已导致纤维包膜增厚收缩。原来，这种"超负荷"的隆胸会给身体造成严重的负担，时间长了对身体的伤害也就显现出来了。Daisy为此后悔不已，花钱本是为了追求美丽，哪知却成了一笔"赔了夫人又折兵"的买卖，让她是得不偿失、追悔莫及啊。

　　在现实生活中像Daisy这样的女人太多了，而且我们也经常会在电视上看到一些女人整形之后惨不忍睹的面孔：两边脸不对称偶尔还一抽一抽的；眼睛被整得一大一小早已失去了曾经的光彩；鼻子看起来很有形可怎么看都是又歪又斜的；肚皮上的肥肉是下去了不少可怎么变得高低不平，就像"车道沟"或"搓衣板"……女人一气之下，把整形医院告上了法庭，可是这又能怎么样呢？女人曾经的美丽还能恢复吗？当然是不可能的了，所以，女人爱美但一定要有所节制，而且这种美丽一定要建立在健康的基础之上，如果有损健康，即使再美丽的事情也是要不得的，因为所造成的后果是无法挽回的。

女人，时刻都要优化自己的形象

那就用健康的方法让自己变得更加美丽动人起来吧！比如为了形体更好，可以选择练习瑜伽；为了让自己有迷人的胸部，可以吃些丰胸的绿色食物，像海参、猪脚、蹄筋、杏仁、核桃、芝麻等；为了让自己脸部的皮肤更加白皙水嫩，除了必需的护肤品之外，最重要的就是饮食和睡眠了，美丽就是吃出来和睡出来的嘛……只要拥有了这些健康的观念，美丽就会不期而至。

女人，时刻都要优化自己的形象

彻底清除心灵上的那些"疑难杂症"

女人有时候心眼比较小,所以身体更容易受到不良情绪的感染,一个健康的"福体"不仅是指一个好的身体,更重要的是要有一个健康的心灵。心灵舒畅了,心情自然就好起来,心情好了,身体就会更加健康。

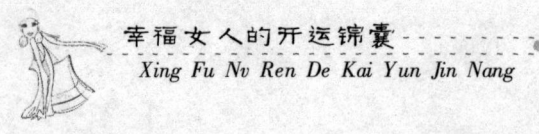

抱怨就像SARS病毒，它会肆无忌惮地传染和演变

抱怨好像成为很多女人聊天的主要内容，抱怨空气质量越来越差，抱怨工作多么辛苦薪水却那么微薄，抱怨在超市买东西就好比在银行排队，抱怨教养孩子是多么的不易……生活中的一切好像都成了抱怨的内容。

生活中有太多的艰辛，甚至让人难以接受。但是抱怨又能怎样呢？境况不会因为你的抱怨而有所改变，反而你的心情因为抱怨而变得越来越糟糕。

爱抱怨的女人总是能找出抱怨的理由，牢骚一大堆，积怨满天飞。但是她们又下不了决心去改变现状，只是一边抱怨一边做事。抱怨和生气是解决不了任何问题的，与其在抱怨声中守旧，还不如利用抱怨的时间去干点实事。

来算算你每天要泡在抱怨的"污水缸"里有多久吧，每天下班回家就把烦心的事告诉你的家人，而且还要重复好几遍；抱怨自己的男友太小气，吃饭还发出声音；该死的天气，大雨害得出游计划被取消，只能窝在家里看电视、看书消磨时间；抱怨老板太抠门，工资那么点，还没白天没黑夜的加班，简直把员工当驴使；抱怨人际关系难处，自己的人缘太差了；和同学聚完会之后，你还会抱怨："王霞说话越来越尖刻了，李冰冰越来越矫情了，周非越来越落魄了……"

抱怨总是无休止的，一味地抱怨只能使你的境况越来越糟糕。不仅不会使心情变好，相反只会令你的家人跟着你一块儿烦恼；你的抱怨不会使该死的大雨停止；你的抱怨也不会让你男朋友改掉那些小毛病；你的抱怨同样不会让老板给你加工资；当然，你的抱怨也不会让你的同学改变自身

的不足满足你的眼光……既然所有的抱怨都无济于事，为什么还要抱怨呢！

你把你所有的精力都放在了抱怨上，却不知道这些抱怨给你带来的只有更恶劣的后果，让你的心情更糟糕。如果说快乐是可以传染的，同样，抱怨就像SARS病毒，它也会肆无忌惮地传染，因为你的抱怨会严重影响别人的心情，即使是你的兄弟姐妹，长期面对你的抱怨也会对你渐渐地敬而远之。不仅如引，抱怨还会演变为愤怒和生气等不良情绪，不仅影响身体的健康，还会影响到你的心理健康。

小利气冲冲地向心理师抱怨道："在我考研的头天晚上，姐姐带着小孩来了，在我的反对和妈妈的坚持下，他们住了下来。姐姐的孩子太顽皮了，我本想静下心来学习，但是被孩子闹腾得怎么也看不进去，气得我跑回屋子就哭，再想起以前的种种不快，哭得更伤心了。第二天头痛欲裂，考得当然不理想。"

心理师和蔼地说道："看来你经常会为一些小问题生气，那为什么不去找找有什么可行的方法来解决这些小事呢？比如你可以告诉孩子别闹，这样会影响小姨学习的，相信孩子再调皮也会听你的话。现在你的心情不好，这主要归因于你处理事情的方式不对……"

动辄就抱怨生气，每天抱怨的也许只是微不足道的小事，在抱怨之前先权衡一下这些小事是否值得抱怨。如果一遇上问题不是想想如何宽慰自己，如何采取合理的方式去解决，而是发怒、生闷气，甚至只注意消极的一面并将其夸大，这样就使得生气成为较为固定的条件反应，乃至最终固化到人格当中去了。

另外，抱怨不会给我们带来任何有益的东西，抱怨不会让我们变得美丽，只会让我们变成怨妇，怨妇就算再好看，也难以掩饰气质中藏着的狭隘，我相信每个女人都不希望自己变成令人讨厌的怨妇吧？

所以，从现在开始，停止抱怨，把自己的心从抱怨的"污水缸"里捡回来，让自己的生活重新光鲜夺目。

幸福女人的开运锦囊
Xing Fu Nv Ren De Kai Yun Jin Nang

歇斯底里只会吓跑男人

歇斯底里这样的词汇常常被附加到女人身上，也难怪，"歇斯底里"本是希腊语的"子宫"之意，不要问什么，这是女人特有的。既然是女人特有的东西，那为什么不好好地呵护一下？为什么不把歇斯底里变成温文尔雅呢？要知道，对一个动辄就歇斯底里的女人，男人会像躲避禽流感似的避开她，更谈不上喜欢了！

曾经在西单看见一位穿着体面的女人对身边的男人突然像狮子般咆哮，后来甚至厮打起来，却不顾路人的围观。那一刻，我对眼前这个穿着精致的女人开始的好感顿时全无，是什么事让她变得如此歇斯底里、如此不可理喻？

身边经常发生这些事，因为不值一提的一件小事，有些女人就会情绪失控，虽然不会过分的像西单那个女人当街厮打，但也会对自己的亲人朋友无理取闹，发脾气、愤怒、生气等不良情绪尤如大脑短路失控，不听指挥得像决堤的江水滔滔奔涌，虽然事后一般会懊悔不已，但当时就是控制不住自己。

试想一下，当你不由自主地歇斯底里发作的时候，你给别人的印象可能不比西单那个女人好，尽管你可能是让人羡慕的白领丽人，但你的一声咆哮，已经让你从清纯无瑕的淑女降格到一个整天叫大街的泼妇了！写这段文字的时候，我自己都羞愧不已，因为自己也做过一次歇斯底里的"母老虎"，事后后悔得直想找个地缝钻进去，发誓以后一定要做情绪的主人，不做情绪的奴隶，把这害人的歇斯底里丢一边去。

其实，冲动是最无力的情绪，常常会使人失去理智，进而说一些不

可理喻或做一些让人无法接受的事，事后肯定是后悔不已。给别人造成的伤害也如同在墙上钉钉子，钉一个就留下一个钉印，再去抹平这些印痕恐怕很难，不管你如何去弥补，伤痕依旧不会消失。有些人认为，心里有气就得发出来，否则会"憋闷坏了"，不良情绪会引发身体疾病，如心脑血管疾病、癌症等都与长期的消极情绪的影响有关。

控制不好自己的情绪，既伤了自己，又伤了别人，可以说是两败俱伤，蠢女人才会做这些事。一个聪明的女人不会被自己的情绪所左右，她们总是安详而快乐的，即使遇到不开心的事，她也会用自己的方式来解决，而不是歇斯底里的咆哮。

很多女人都懂得这个道理，但在实际生活中却总是做不到，一遇到不顺心的事就急躁、发怒，很容易冲动。有些女人爱发脾气，缺乏涵养，与虚荣心过重有密切关系。像有的女人只知爱惜自己的"脸面"，有时明知是自己不对，为了维护"脸面"以满足虚荣心，不惜伤害别人的感情，故意宣泄不满，一味指责对方，表现出一副唯我独尊的样子，事后又常为得罪朋友和失去友情而后悔。

人际交往中，出现意见分歧，发生点小摩擦是常有的事，女人不要将不满情绪和烦恼长期积压在心里，可以心平气和地与对方交换意见，自己有错误主动承认，对方有不足之处可以委婉指出，以求相互谅解，这不是什么"栽脸面"的事。而随意发脾气、任意发泄自己不满的女人，显示这个女人缺乏涵养、易暴躁，恰恰是一种愚蠢举动，这才真正是丢了自己的"脸面"。

女人应该戒掉爱发脾气、性情暴躁这个坏毛病，使自己不再是周围人眼中的"火药桶"。一旦发现体内的火山有爆发的倾向，就应立即制止或者把它温和地发泄掉。当然，生活里不乏这一类型的女人，她们性格急躁，希望在最短的时间里，得到最好的结果，这是急功近利的思想在作怪。任何人在愿望没有如期实现时，都会产生焦躁情绪，由于自控

能力不同，造成的结果也不同。我们看到那些最终实现目标的人，都是善于控制情绪的人。但歇斯底里与人的性格有关，不是说改就能改的，遇到让自己懊恼的事情的时候，只能一点点地克服并说服自己。

如何摆脱害人的歇斯底里？如何收敛自己的情绪？除了平时自己多调整情绪之外，不妨试试以下几条建议：

◎自己和自己搭话

多和自己沟通，多问问自己为什么发脾气？为什么生气？为什么喜怒无常？这一点非常重要，自问自答能让你把真实的想法统统倒出来，再认真地思考这些问题的答案，你会发现实际上并不是什么大事，为这些鸡毛蒜皮的小事生气简直有失身份。

◎把"用别人的错误来惩罚自己的女人是大傻瓜"作为自己的座右铭

可以把这句话写在纸条上贴在显眼的地方，也可以把这句话作为手机屏保，时刻警诫自己。遇到让人怒发冲冠的事情的时候，立即默念这句话，并反复告诉自己：不要生气，不要生气，我不能用别人的错误来惩罚伤害自己。

◎指责别人前先冷静地思考一分钟

如果碰上自己很生气的事情，不妨先冷静地思考一分钟，不是为了对方而是为自己冷静地思考一下。比如说你在开车，前面的车开得很慢，这时你可能冒出无名火，不断按喇叭。这时你如果能忍耐一分钟，静下来想想：也许那个人是因为家里人出事而受到了打击，或许是他们夫妻之间闹矛盾了……想想这些，你心中那股无名火可能就消失了。经常站在对方的立场上考虑问题，你就不会那么急躁，更不会生气了。

幸福女人的开运锦囊
Xing Fu Nv Ren De Kai Yun Jin Nang

◎ 去做些平时自己最喜欢做的事

遇到棘手的事情时，先把它搁置一边，然后做些平时喜欢做的事，比如说去大吃一顿，或者是去买那件早就看上但一直舍不得买的连衣裙等等，只要自己喜欢，那么尽情地去做吧。最后再来处理那些令人烦恼的事情，或许此时你的怒气早已烟消云散，或许已经想出更好的解决办法了，这不是很好地避免了一场歇斯底里吗？

想时刻保持情绪上的完美不太现实，可是至少，我们可以通过努力改进自己控制情绪的能力，从而让自己更好地掌控自己。实际上，当控制情绪成为一种习惯的时候，你会发现，摆脱歇斯底里也不像想象中的那么困难。

彻底清除心灵上的那些"疑难杂症"

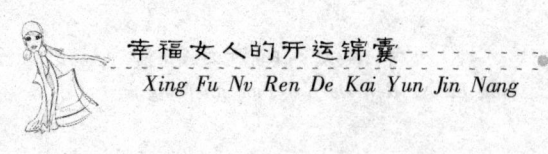

你的唠叨会让男人逃之夭夭

前段时间在一本书上看到一句话：一个女人，一旦染上唠叨的毛病，会使任何男人退避三舍，除非他是个聋子。看到这句话我的第一反应就是女人的唠叨原来有这么大的杀伤力，可以使男人逃之夭夭。

大多数女人都有唠叨的习惯，尤其是结婚生子之后，家务的烦琐、工作的压力，让女人总想通过某种方式发泄一下，宣泄自己聚积已久的情绪。而且女人心里也装不下事，总喜欢一吐为快，这样距离最近的丈夫就变成了女人倾诉的对象。女人的滔滔不绝只不过是想通过不断地重复，来引起丈夫的注意，直至这种方式演变成为一种习惯。

电视剧经常上演这样一个场景：女人在那儿喋喋不休地抱怨，旁边的丈夫要么是一声不吭，找个机会溜之大吉；要么就是表现得很反感，甚至为此发生口角。实际上这就是现实生活的写照。唠叨是女人实现心理平衡的手段之一，挣扎在社会夹缝里的丈夫和正处于叛逆期的子女，让她为此焦躁不安，但是这些又不会引起丈夫主动的理解，于是通过不断地发牢骚来释放自己的不快。

女人的唠叨无非也就是发泄一下情绪，可是男人怎么也想不明白女人为什么总是喜欢无休止地说着同一件事，他们最讨厌女人喋喋不休、翻来覆去的唠叨，很多家庭战争就从唠叨开始。

不仅男人讨厌女人的唠叨，女人一般也不会喜欢另一个女人的唠叨。想象你和男人进行一下角色换位，当你下班拖着疲惫的身体回到家中，一进门，就听到男人毫无头绪的抱怨和呻吟，这时，你最想做的是什么？是大骂、烦躁还是夺门而出逃之夭夭？我相信你也不喜欢别人在

你面前唠叨个不停。同理,男人也不喜欢女人整日对他唠叨。

聪明的女人,你要时刻提醒自己,不要做个滔滔不绝的女人,因为唠叨并不能让你更受关注。当你无休止地在那儿"演讲"时,也许你的丈夫早已忍无可忍,早就想把你轰下"台"了。

女人要想改掉滔滔不绝的坏毛病,以下几条建议供参考:

◎同一句话只说一遍

爱唠叨的女人总是同一句话无休止地说上10遍,这也是女人唠叨的最直接方式,你需要做的就是时刻铭记:克制自己,一句话只讲一遍,坚决不再重复。必要时可以在很显眼的、能随时看到的地方贴张小纸条来提醒自己。

◎让自己幽默一点点

有的女人因为一件小事就对丈夫大动肝火,其实大可不必,生活本来已经很繁琐了,为什么还要再给生活蒙上晦暗的色彩呢?所以要学会用幽默的方式对待生活中不如意的事,而不是整天紧绷着一张脸。

◎说话尽量温柔

温柔的女人最受男人喜欢,以柔克刚说的就是以女人的温柔来化解男人的刚强,这种方式比唠叨的方式有用多了。因为男人总喜欢女人来和他商量,而不是命令。采用这种方式能轻而易举地达到自己的目的,为什么还要用唠叨的方式招男人烦呢?

◎头脑冷静

当女人和男人发生口角时,女人犹如黄河绝堤滔滔不绝,能把陈谷子烂芝麻的事翻来覆去地说上一天一夜,这样只会招致两种结果:一种

是男人不堪忍受仓皇逃走；一种是你过于激烈的言辞惹火了男人，招致男人对你大打出手。所以，女人们，当你与丈夫发生不愉快时，不要唠叨埋怨个不停，而要记得保持冷静。冷静之后，再和丈夫心平气和地谈谈。

请记住，你不可能用唠叨套牢一个男人，这样做的结果，只会是破坏他对你的感情，毁灭你的幸福而已。

与其在唠叨中制造烦恼，不如在改造中谋求变化。年轻的女人朝气蓬勃，对明天充满希冀。但女人毕竟是感性的，当她们遇到不顺心的事情时，不免会有一些抱怨，或找朋友诉苦，找亲人唠叨。有时候即使事情已经解决，她们仍会如此，乐此不疲。

女人就是这样奇怪的动物，当发生不如意的事情时，她们的潜意识就指使自己开始抱怨，我们小时候带着老花镜、穿着小脚鞋的外婆或奶奶，就是这种角色。她们勤勤恳恳，为了子孙的幸福，什么事都操心，但是也特别爱啰唆、抱怨。虽然年轻人不用操那么多的心，但爱啰唆的习惯似乎也继承了下来。本来为家庭付出了很多，这是种美好的情操，可有时候这种美好却会被女人的唠叨毁掉，我们听听于丹老师是怎么说的吧。

"过去说到中国的劳动妇女，一直都把奉献、牺牲作为传统美德，我对这种话很质疑，因为我不喜欢牺牲这个概念。什么叫做牺牲？根据《辞海》的解释，那种被剥夺生命、奉上祭坛的生物才叫'牺牲'。牺牲就意味着你为了某个崇高的目的而忽略了自己的一切，包括生命。当女人觉得她为家庭、丈夫的事业作出了牺牲，就给她的抱怨找到了最佳理由。她就会跟孩子说，妈妈就是为了你才弄得蓬头垢面，你不好好学习，你对得起我吗？然后对老公说，我就是为了这个家才操劳成这样，你还不好好爱我，你还对得起我吗？当一个人总是这样抱怨的时候，这在心理学上叫'非爱行为'，是以爱的名义进行亲情绑架。对一个女人

来讲，你爱你丈夫，付出一切，你付出，你享受，这是一个很幸福的过程。能够爱与被爱，这是生命的幸福与奢侈。所以我觉得，谁都不要说牺牲，我们自己心甘情愿地付出了，我们的收获更多。"

我们爱了，也牺牲了，也付出了，可是我们最后也享受了，为何还要唠叨你的不满？你要明白，唠叨以及怨天尤人都是于事无补的，这样只会让自己的情绪越来越糟糕，对目前境况和事情的改变一点帮助都没有。

女人要善待自己，疼爱自己，不要自己给自己制造烦恼，有那些牢骚满腹、情绪低落、郁郁不可终日的时间，还不如积极努力地去改变现状，这样就会快乐很多。

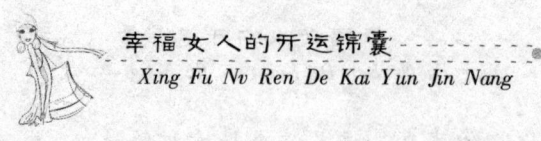

生气等于自杀，伤身伤神又伤心

红玉年过四十，依旧那么美丽动人，这让周围的同事羡慕不已。同事们纷纷向她讨教保养的秘诀，红玉故意兜了个圈子对同事说："实际上也没有什么秘诀可言，就是平时要保持好心情，大事小事不生气，饮食上再稍微注意一下就可以了，这样人自然而然地就年轻了。"

原来一个人保持年轻这么简单啊！

再看看海青刚刚三十，不知什么原因，最近气色看起来极差，皮肤粗糙，神情恍惚，精神也委靡不振，在办公室也是毫无精神。在朋友的陪同下去医院做了个检查，医生没有给她开任何药物，只是告诉她以后保持开朗就可以了。

海青很惊讶的问医生道："保持好心情就能改善我现在的情况吗？"

"那当然了，你得的就是一个'气'病，凡事都爱较真，一丁点小事都能让你生气，我说的对不对？"医生反问道。

"你真是太神了，我平时也不知为什么，看到孩子不顺心，就想骂两句，看到老公不顺眼，就和他吵架，最后自己独自生闷气，而且在工作中，有时还会和同事因为一些小事而产生纠纷……"海青无奈地说道。

"经常生气是百病之源。情绪低落、容易生气的人患癌症和神经衰弱的可能性要比正常人高得多。愤怒像一种心理病毒，会使人重病缠身，一蹶不振，所以说经常生气、发怒就会影响身体健康，不利养生……"医生继续解释道。

……

你可能不知道吧，人在激动、生气、发怒时会产生一系列的身体反应，像心跳加快啊、血压上升啊、血糖增加啊，这些可都为身体产生疾病埋下了祸患。不只这些，生气还会损伤精神，这样整个人看起来是多么的憔悴和丑陋不堪啊！

总结一下，生气的害处实在是太多了，比如生气会伤害到皮肤，经常生闷气的人往往容颜憔悴、双眼浮肿、皱纹早生，这对女人来说可是变老的标志。当你在生气时，血液会大量涌向面部，此时血液中的含氧量会减少、毒素会增多，这时产生的毒素会刺激毛囊，使毛囊周围出现程度不等的炎症，产生色斑等皮肤问题。

生气还会伤到肝，你可能会感到惊讶：有那么悬乎吗？不要大惊小怪了，当你处于一种生气状态时，你也许不知道，你的肝已经受到影响了，比如肝气不断、肝胆不和等等，虽然有时候只有较轻微的表现，但是已经伤及肝部了。

另外，我们还经常听到有人这样安慰生气的人：别气了！别伤心了！实际上，生气时对心脏的伤害很大，严重的还会导致心脏病，这是多么恐怖的一件事情啊！

不仅如此，生气还伤肺、伤脾，经常生气的人，肾气不畅，这样还容易导致闭尿或尿失禁。如果经常性情绪不佳，生理上会失去平衡，五脏六腑会发生非生理性的运动，免疫功能会随着情绪的波动而降低，甚至还有一些人因一时生气而自杀，实在可悲。

生气还会使人做出一系列不可思议的过激行为，像歇斯底里，大声地抱怨，这样的女人总是让人心生厌恶，甚至让人感到害怕，"她怎么能这样呢，泼妇！""这么烦人，太让人讨厌了！"，也许别人早就对这样的你产生意见了。

最后重提一下，女人都很在乎自己的容貌，有一点不用说，生气的人样子是非常丑陋的。经常生闷气会让人颜面憔悴，皱纹增多，容貌超

过实际年龄。不说不知道，一说吓一跳。那些老爱生气的人，可要注意了，说不定在你发泄对生活不满的时候，疾病就悄悄地潜伏下来了。

所以，爱生气的女人，要放开心胸，大度一些，不要为些鸡毛蒜皮的小事生气发火，因为身体毕竟是自己的，气坏了身体，不仅要承受经济负担，还得承受精神痛苦，这种痛是没有人能代替的。好好珍惜自己的身体才是至关重要的。

彻底清除心灵上的那些"疑难杂症"

幸福女人的开运锦囊
Xing Fu Nv Ren De Kai Yun Jin Nang

避开抑郁症

前不久,看到一个朋友的MSN个性签名俨然写着"有点莫名的抑郁",我想朋友肯定是遇到不开心的事了,就随意和她在MSN上聊起来。

朋友向我娓娓道来:最近自己感觉像得了神经病似的,莫名的生气,莫名的和老公急,还时不时地发呆,做什么事都提不起精神来。记忆力也越来越不好,刚放好的东西,没过一分钟就忘记了。不仅如此,最近胃口也不好,而且还经常睡不着觉,身体也感到不适,这已经严重地影响到我的工作和生活了。老公强烈要求我去医院看一下,在老公的一再坚持下,我去医院做了个检查,检查结果令我大吃一惊——抑郁症?我年轻力壮,怎么会得这种病啊?后来医生告诉我现在生活压力大,都市中很多女性都会得这种抑郁症,说我就是其中的一例。

女人既要照顾家庭,还要工作挣钱,尤其是生活在大都市的女人们,生活节奏太快,同时要面临各种各样的压力,所以,这个年龄阶段的女性得抑郁症的几率是非常大的。

有的人得了抑郁症自己还全然不知,只要不是身体上的疼痛,是不会去医院检查接受治疗的。岂不知忧郁是女人健康的隐形杀手,杀伤力极大却最容易让人忽视。长期的抑郁会使身体诱发各种疾病,心脏病、高血压、偏头疼、胃溃疡、糖尿病等疾病就是抑郁症恶化的结果,如果得了抑郁症,要尽早治疗。以下几种策略也许能帮你避开抑郁症。

◎ 让屋里明快起来

很多人得抑郁症就是因为长期生活在一个相对凌乱、相对压抑的环

彻底清除心灵上的那些"疑难杂症"

境中，本来压力就很大了，这种环境更是让人透不过气来。一个相对明快的环境总是能让人的心情大好，即使心里有什么不快，在这种环境的感染下，心情也能发生180度的转变。聪明的女人会把家里布置得井井有条、舒舒服服，温馨清爽的家居环境、柔情蜜意的老公、天真可爱的孩子，这景象多美妙，哪还有时间去抑郁啊！而且一个相对舒适的环境，不仅能感染你自己，还能感染你身边的人，在一个有爱的清闲环境里生活，是多么惬意的一件事，种种烦恼早就抛到九霄云外去了。

◎ 眼不见，心不烦

你的办公桌看起来是否像个垃圾站？想要什么文件的时候，需要找上半天，再找不到的话，自己的胃就要炸开了，当然不是因为吃饭吃得太饱的原因，而是因为你要发作了，明明放在这里，为什么就找不到了？这能怪谁，如果文件非常有条理地放在一个个的文件夹里，能找不到吗？别说是得抑郁症了，想必其他胃病之类的也会发作起来。为什么不清理一下你的办公桌？眼不见，心不烦，把不用的废物统统扔到垃圾篓，别像垃圾一样统统堆放在桌子上。

另外，在你的办公桌上摆一盆绿色植物，也能大大改善你的心情，不要不相信这些，明朗的环境确实是治疗和预防抑郁症的最佳场所。

◎ 让自己动起来

如果你天生就有爱运动的好习惯，那最好不过。如果你不爱运动的话，就要适当的让自己运动运动，运动有助于克服抑郁症。如果你意识到自己有轻微的抑郁症，不妨大步跑起来耗尽全身的体力，或者是去跳健美操，精疲力竭之后烦恼也许会烟消云散。总之，别总呆在家里胡思乱想或看电视，这样肯定会使你更沮丧。不妨走出户外，做些休闲运动，具体做什么都没关系，只要是有活力、不枯燥的事情就行。

◎换个鲜明的造型

如果你平时总是穿着呆板，那不妨给自己换个可爱的造型。也许你会嗤之以鼻，都这么大的人了，还弄个可爱的造型，别人还会以为自己在装嫩呢？为了让自己能远离抑郁，有个好心情，装一把嫩又何妨？我只是想说让自己拥有一个和平时形成鲜明对比的造型，在情绪低落时，这种装扮会分散你的坏心情，精神也会很快振作起来。当然，如果你平时就是休闲着装，那何不找一下老气横秋的感觉啊！穿一身正装，再戴一幅平镜，俨然一个知识分子，这样做的目的也是为了让自己拥有一个不平常的感觉，让心情变得好起来，患抑郁症的机率也就大大降低了。

抑郁症出现在女人的身上很正常，大多是由于不良的心态造成的，摆脱抑郁症关键在于如何改变自己的心态。

会理财是女人的安身之本

很多女人天生缺乏安全感,担心将来失业,担心父母身体健康……太多的担心,实际上都是因为money的缘故,所以要学会理财,会理财才会有经济基础,有了经济基础就有一定的保障。越早开始,受益越早。也许你现在还算年轻,还能承受更多的经历和压力,你有没有想过,等到你七老八十的时候,还要去承受这一切吗?你又能承受得起吗?

女人要有钱，有钱才有"尊严"

有些女孩子在二十多岁的时候谈钱色变，不是真正的不喜欢钱，只是觉得一个女孩子总是把钱挂在嘴边，会被别人认为很势利。其实是这些女孩想用表面的清高脱俗来掩饰自己内心虚伪，假装自己不喜欢钱。就像我一样，直到三十岁的时候才大胆地和别人谈钱，才真正知道女人有钱的重要性。因为女人有钱了，在经济上才能算真正的独立，才能无后顾之忧地做自己喜欢做的事，才能让自己更美丽。

钱是生活必需品，为什么要回避它？不禁为自己年轻时的想法感到虚伪，当然现在有些二十几岁的小姑娘深谙有钱的重要性，所以就千方百计地让自己嫁个金龟婿，转身变成有钱人。

也不乏有些女人自认为有几分姿色，天真地认为这就是征服男人的武器。女人的姿色的确会令好色的男人为之短暂的停留，但容颜终究会逝去，这是自然规律，到人老珠黄的那天，你还拿什么来拯救你的生活？这也是女人的可悲之处。当然还有一部分女人，自认为努力赚钱、奋斗，这些都是男人的事情，做为女人应该靠边站，不用去操心，一心一意地做男人背后的那个女人。有一种类型的女人把全部心思都用在嫁好老公上了，到头来有可能鸡飞蛋打，因为完美的多金男人实在太少了，何况这样的好男人为什么要找你啊？男人比女人现实多了，他们更懂得钱要花在刀刃上，有钱的男人更是如此，在他们眼里只有那些很完美的女人才值得。

聪明的女人们，想想吧，自己有钱才算真正的有钱。不要把希望寄托在男人身上，更何况离婚率、失业率越来越高，一旦发生什么变故，

会理财是女人的安身之本

没有钱不等于"死路一条"吗？

还是那句话，女人一定要有钱，有钱才有"尊严"，有了钱你才能拥用干啥都不差钱的风度。

有钱能让你获得别人的尊重。当你没钱买化妆品、衣服，纵使有几分姿色，也会被没钱的生活折磨得容颜憔悴，众里寻你千百度？曾经的美女，还能找到你吗？没钱的女人没美丽，当美丽不再，你还能赢得男人的关注吗？有钱的女人更自信，更易得到尊严。没钱的女人整日数着钱过日子，万一碰到个什么经济危机，下岗失业，还得四处求人借钱渡过危机。而那些有钱的女人，且不说他们不需要去借钱，即使借钱，别人还巴不得向她们献殷勤呢，因为借给她钱的人不会怀疑她的还钱能力。

有钱能让你更加健康。三十岁是一个女人健康的分水岭，各种各样的疾病正在慢慢地侵袭女人的身体，像妇科病、其他各种疑难病啊，单各种各样的检查费用、治疗费用还有其他养护费用就是一笔不小的开支，这些是需要有"闲钱"来支付的。女人，你有钱吗？没钱的女人在自己身体还算健康的情况下去花一笔不菲的费用去体检，对她们来说简直太奢侈了，即使是真的查出有病了，也是能拖尽量拖。而有钱的女人就不一样了，她们可以毫无顾忌地为自己的健康买单，即使是真的生病了，她们也有足够的金钱养病，进最好的医院，为自己的健康投资。

有钱的日子能让你心情愉悦。经济指数在某种情况下还是可以决定快乐指数的，如果你整日为钱、为家庭的窘状发愁，那你能高兴起来吗？如果衣食充足，生活过得有滋有味，想必你也不会闲来生事。所以说，有钱和没钱，心情肯定是不一样的。

二十来岁的女孩，在别人眼里，你还小，又是个女孩子，即使没钱，别人也能原谅你。可随着年龄的增长就不一样了，你有家、有孩子，如果没钱就意味着你的孩子不能进好学校读书。同样，没钱的你即

使再有姿色，也不会再美丽。如果再贷款买个车子，买个房子，养个孩子，天啊！哪样没有钱能行？

很多女人天真地认为：挣钱养家是男人的事儿，花钱消费才是女人的事。这种生活模式最理想不过了。但是你应该知道男女双方的收入如果悬殊过大的话，只会加大高收入的那一方的外遇指数。所以，"男人有钱就变坏"这句老话至少说明了一个道理：男人的花心跟存款之间是有联系的。收入的高低不仅能证明一个人生活质量的高低，更能证明一个人在社会中的地位高低。那些有钱的男人身在高处，难免有人惦记。有比自己的女人强十倍、强一百倍的女人主动送上门来，他们还抵抗得住诱惑吗？女人，你要明白负心的事，人人做得出，只要是为了让自己能过得更好！

事实证明：当一个家庭中，夫妻双方收入均衡时，他们的感情最稳定。因为这至少说明了一个问题：谁也不比谁差！

尽管大多数男人都不愿意让女人赚钱养家，但现代社会压力之大，只靠男人一个人在外面打拼，养活妻子儿女，已非常不易。如果女人能为家庭分担一部分责任，这样既减轻了丈夫的负担，又为自己赢得了尊严。吃人嘴短，花人手软，只有自己有钱才是硬道理。

女人要有钱，一定要有钱。

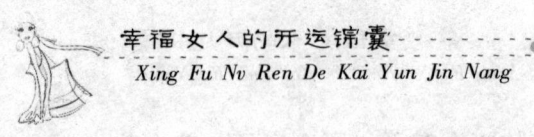

"月光"女神时尚前卫,却不实用

"哎呀,老同学,这个月又光了,手上宽裕不?"前两天接到我一个大学同学的求助电话,三十多岁,月薪8000,时不时还收到美国老板的美元红包,在普通人的眼里,她可谓是真正的白领女强人。但是这样不菲的收入,她却每个月都花得精光,碰上突发情况,还得四处借钱。在都市里,像她这种女人都被惯称为"月光"女神,这种称谓虽然时尚前卫,但却不实用。这一类型的女人每个月末领到薪水,买高昂的化妆品和价格不菲的高档衣服已成习惯,在她们的眼里从来没有给自己的工资做个计划和安排的想法,只是尽情的挥洒着自己的薪水,等到急需用钱的时候,捉襟见肘,只好四处求人。

对于刚踏入社会不久的女孩儿来说,"月光"是一种司空见惯、不足为奇的现象,可是对于三十岁、四十岁的女人来说,还一度像二十几岁的小姑娘摆脱不了"月光"女神的称谓,那就是对自己的不负责任,对生活的不负责任,对家庭的不负责任。更何况,聪明的女孩在二十几岁的时候就为将来做打算了,尽量尝试着使每个月还有些许节余,慢慢摆脱"月光"女神。醒醒吧,你已经不是那个天真烂漫的小女孩儿,你已经是一个必须能独当一面的女人了。如果你还将自己沉浸在梦想中,还过着"月光"女神的生活,那你可真是无可救药了。当然,为了跳出"月光"女神的坑,你也大可不必把自己的生活安排得过于寒酸,实际上你只要稍微的节约一下自己日常生活不必要的支出,比如说你每个月都有买高档衣服和化妆品的习惯,以前买三件衣服、一套化妆品,那么从现在开始,每个月买两套或者一套衣服;至于化妆品嘛,一个月买一

套是不是有点浪费和奢侈了？而且一个月用一套化妆品，未必能用得完，有的连口都没打开，更何谈用了。审视一下自己，看看自己是不是有这个不良的习惯？

有的女人，不管什么时候都有浪费的习惯，随着年龄的增长，这种习惯还是犹如她的年龄有增无减。这样的女人总是喜欢"败"物，看到自己喜欢的衣物心里就长草，而且总觉得自己的衣橱少一件衣服、鞋橱里少一双鞋，每每"败"物，必是满载而归。但到正式场合真正用的时候，却总是拿不出件像样的东西，搭配得也不合时宜。但是有些女人，哪怕只是一条做饭用的围裙，也让人感觉很有品味。这两种女人的差异不在于每个月工资的多少，也不在于各自的身材，而在于每个人消费的角度和心理。

在人生精力最充沛的阶段，也是人生财富的重要积累期，必须强制自己养成储蓄的习惯。

强制自己每个月固定储蓄。每个月领取薪水后，把基本的生活费扣除，剩下的都存在银行卡里。在不急用的情况下，卡里的钱是万万不能动用的，当然，除非是十万火急的事。每个月都强迫自己这么做，你会发现，存在银行里的钱越来越多了。存到一定量的时候可以把这笔钱用来投资，钱生钱，不断地积累更多的财富。

该省的必省，该花的能省则省。对于"月光"女神来说，每个月因冲动消费造成很多不必要的开支，这也是她们成为"月光"女神的原因。如果不是迫切需要的东西，能省则省，不把追求奢侈作为一种时尚，可以退而求其次去选择同类型的价格稍低些的商品，把节省下来的钱也存入银行。这样坚持下去，同样会有一大笔收入。而且还可以和自己来个约定，如果存入一万块钱，就给自己一个小奖励，比如说买一款早就看好的包，或者让自己大吃一顿，这样做也是其乐无穷啊！总之，减少不必要的开支，既降低了消费成本，又增添了一笔不少的储蓄金。

意外储蓄生财有道。对于意外得到的钱财，如获奖、稿酬、亲友馈赠等临时性的意外进账，可以另外新开个账户，把钱存到这个新开的账户上。当然，更好的办法就是办理一种基金定投的业务，对"月光"女神来说，此法可有效控制其花钱的欲望。如果不做定投，这笔钱在"月光"女神的手里早已变成一叠收据单或者购物发票了。做了定投，则可以获得较高的低风险投资回报，若干年以后，就会发现自己的银行资产，在不知不觉中增加了许多，从而达到加速财富积累的中期理财目标。

做个快乐的双薪族。有的女人总是抱怨钱不够花、不够用，尽管已经很节俭了，但到了月底依旧是手头光光。女人要想富有，光节约开支是不行的，从现在开始，可以尝试着做个双薪族！

可以利用8小时以外的工作时间，在维持工作业绩的同时，开发一个可以稳定赚钱的副业。比如可以在网上开个小店，把你的闲置物、旅游时买的特色饰品等统统放在网店上销售，不仅占用时间少，而且投资回报率也非常高；你可以做某些直销化妆品的美容顾问，比如玫琳凯、雅芳等品牌，同样利用下班的时间向客户推荐，只要努力做，一定会有所回报；也可以把自己的特长转化为金钱，比如说你喜欢画画，那你可以把你的作品送到专业店里寄卖，一来很有成就感，二来可以赚到双薪，名利双收，何乐而不为？当然，如果你的文字功底很好的话，不妨利用业余时间赚些稿费。

会购物的女人总是想着把钱用在刀刃上，不到关键时候绝不出手，即使是买一双袜子，也要买适合自己的，绝对不会买那种因为自己有10%不满意而被闲置起来的物品，"绝不浪费一分钱"永远是她们买东西的宗旨，"全心全意"永远是她们购物的目的。这样的女人怎么会成为"月光"女神呢？

做好财务总监

公主和王子因为相爱而组建了一个幸福的家庭,从此以后,两人彼此相互拥有,最重要的是两人成了经济共同体。钱财不再分得那么清楚,你的钱,我的钱,变成了公主和王子共同的钱。

虽然你中有我,我中有你,两张卡变成了一张卡,但是一个会把小日子过得越来越旺的女人是时刻都不会忘记理财的。而且在一个家庭中,女人因为心思缜密、精打细算等特点成了家庭财务总监。家里的大到买房置业、小到孩子的吃喝拉撒、朋友的婚丧嫁娶等花钱项目,女人都会在心里做个统筹的规划,这点就有别于男人总是把自己的事业和人际交往放在首位的特点。

在一个家庭中,男人往往为了哥们儿义气,会大方到动用家里的不动存款,更重要的是有时钱财是有去无回;请客吃饭点菜时,男人会大方到底,尽量做到满汉全席,最后吃一半倒一半;男人在逛商场买衣服时,碍于面子不会讨价还价,只是任那个漂亮的服务员宰割;男人往往工作很忙,会把大把的时间用在工作和交际上;男人容易丢三落四,钱包丢了一个又一个……男人有如此多的缺点。

再看看女人,在借贷方面,女人往往考虑的是借出的钱会不会打水漂,如果确信,女人会撕破脸皮唱黑脸以避免有债难讨的尴尬;在饭桌上,女人会精打细算,既不丢面子,又不至于浪费;女人即使是到了大商场,也会试探一下商品的标价是否还有折扣,是否还有还价的余地,并且向多方朋友咨询哪些是价格更为合理的产品;相比于男人来说,女人有更多的时间打理钱财,因为大多数女人会把家庭放在首位……女人

有如此多的特点。

和男人相比，女人更具有理财的天赋。所以，女人要做好财务掌门人的角色，家里购置物品，孩子的教育基金，银行卡的储蓄状况，未来的养老金……女人都要做好规划。

2009年的元旦去好友小珍家做客，一进门就看到夫妻俩在核算一年的财务支出。

小珍带着疑惑问老公："去年收入是二十万，怎么现在卡里只剩不到五万，难道今年花了十五万？不可能吧？钱哪去了？"

"钱哪去了？"老公庄健也变得丈二和尚摸不着头脑了，"你看看啊，咱家的两个大衣柜放的满满的都是你的衣服，这还不说，储藏间里也都是你买了还没穿几次的衣服，有的甚至连标签都还没拆，还有啊，去年，你表妹来咱家的时候，你送了她两大袋子的衣服和四双鞋。自从你换了工作之后，咱家就从来没起过火，周六周日还要出去大撮一顿儿。即使是偶尔做一顿饭，买个菜不在小区门口买，偏要开车去到几公里外的沃尔玛买……这样下来，那二十万没花光就算不错了。"

小珍有点着急，"这也不对呀，即使我是个购物狂，也不会花掉十几万啊？再说去年我的工资也有五六万呢，那卡上的钱我只取过两万，其他的都放进咱家的帐户里了。"

"噢，对了，我有个朋友和我借了三万，说只是周转一下，一个月之后就还，可是现在已经有三个月了，还没还，据说他做生意赔了，我也不好意思催他。另外，我买了两万的股票，现在股市低迷，只剩下不到八千了，我也没法取出来。还有给咱儿子买的定投基金，这就有一万多吧，逢年过节去看父母的钱，这也有一万多吧……这样累积下来也有十五万了。"庄健罗列出一堆花钱的项目。

小珍皱着眉头向我抱怨道："看看我家的花销，这样能攒下钱才怪呢！"

……

小珍就是由于没有管理好家中的钱财，对于金钱的支出也是一笔糊涂账，以至于认为两个人收入都不菲，买个衣服还不是小菜；老公庄健对于钱财也是随心所欲，碍于面子把钱借给哥们儿，最后却有去无回……

如果小珍能一手管理家中的财务，她就会爱惜钱财，知道自己和丈夫每花一分钱，他们的账户上就会少一分钱，这样她就会正确地对待钱财。清晰地知道家里每个月的收入是多少，需要支出的又是多少。对于自己喜欢的商品，她也尽量遏制购买欲望。另外，老公要用钱的话先得经过她，这样对钱财就有个很好的规划了。

作为家庭的财务总监，要对家庭的消费做个合理的预算计划。要清楚的知道收入是多少，固定支出又是多少。制定一个合理的消费计划，可以从家庭购物单开始，把你一个月所需要的基本生活用品都一一列出，包括：日用必需品、买化妆品和衣服的钱、交际费等等，当然还包括给孩子买玩具、尿布、衣服的钱，以及房贷和车贷，另外还有老公的交际应酬费等。把基本的消费支出都列出来，还剩下多少钱？把这部分钱都规划出来，一部分是给父母的养老钱，另一部分用于应对突发状况，剩下的作为存款存起来，作为将来的储备基金。

管理好家里的钱，最好有一个记账本，养成记账的习惯，把该花的、能剩的都清清楚楚写在账本上，这样可以控制一些不必要的消费，而且也可以防止老公乱花钱，大多数男人对金钱看得松，他们比女人更容易大手大脚。让他们经常关注家庭账本，有利于约束和提醒他们进行理性的消费。

对家庭账本时常关注，也是约束和提醒理性消费的必要手段。晚餐后在餐桌上，电视剧间的广告时段，上厕所的几分钟，你都可以随手一记。等到月底，把所有的账目都罗列出来，所有的消费都会一清二楚。

家里的钱你要管，男人的钱你也要管。会理财的女人总是让男人倾心，更让男人放心。

幸福女人的开运锦囊
Xing Fu Nv Ren De Kai Yun Jin Nang

别让钱从指缝中溜走

可能大多数人都有这样的经验,好像并没有买什么东西,但钱不知不觉就没了。只要你改变一下消费习惯,也许就能为你挡住指缝间溜掉的钱。

◎ **不要随随便便花小钱**

有的女人,尤其是白领,如果今天起床晚了,只能打出租车,一个月有5次的话,一次按40元算,总共200元。也许你会认为200元的小钱不算什么,即使不花的话也发不了财。确实200元不算什么,但是你不要忘记了,每个月花的小钱可不只是在打出租车这么一项上,可能有一天不想做饭了,就出去下馆子,同样按一个月5次算的话,每次就按60元,总共就得300,这点小钱也许没什么。可是如果再有类似的小事情花上个300的话,这样总花算下来就将近1000元了。如果你每个月的薪水是3000,那已经花了将近三分之一了,相信你不会认为这是小数目了。也许钱就是在这样的一件又一件小事中花掉的,当然钱也是在这一件又一件的小事中积累起来的,所以,不要随随便便花小钱。

◎ **把零钱收拾好**

每次去超市买东西或者去菜市场买菜,总会有一些剩余的零钱,几元、几十元可能实在是不多,少了这些或多了这些都对你的生活没什么大的影响,不会因为多了就能改变什么,也不会因为少了它,你就觉得花钱受到约束。可以把这些钱放在一个盒子里,就当没这些钱了,月底清点一下，也有一、二百元。别嫌麻烦，全数存入银行，不知不觉就积累了一笔不大不小的钱。这笔钱还真没花什么心思，也没让在用钱上受到什么影响，就像是从天上掉下来似的，这也是一个聪明女人的理财之道。

◎ **养成记账习惯，不做"Buy"金女**

聪明的女人会时时刻刻盯紧自己的收支状况，身边会有一个小账本，把每天的消费支出都记下来，然后每个月进行比较总结，看看哪些钱该花，哪些钱不该花。然后在下个月消费时就会注意，从而节省开支。

收集发票也是一种简单的记账方法，因为收入多半是由公司直接存入户头，支出较为复杂。将发票按日期收纳好，不但可以兑奖，还可以从中分析出自己在衣食住行上的花费，不要做"Buy"金女，要让自己成为小富婆喔！

美丽的女人懂得投资外在，聪明的女人懂得投资内在！做个内外兼顾的美丽女子，做好预算，把钱花在刀刃上，就是最基本的理财功能。充实自我的理财观念，你才能让每一分钱财，都能在生命中发挥恰到好处的作用。

◎ **不要破坏已定的消费计划**

每个女人可能都有过这样的经历，看到漂亮的衣服或者其他装饰品，就爱不释手，这个月虽然已花了不少钱，再花的话就破坏了已定的消费计划。但是，还会对自己说："再买一件，下个月就不买了！"或者"把买衣服的钱从下馆子里的钱扣出来。"等等，给自己找了不少借口，还是决定买下了。殊不知，等下个星期再逛街的时候，又看上一件更漂亮的衣服，于是又找了很多理由，最后又买下来了。就这样恶性循

环,一个月下来,额外消费是预定消费额的两三倍。如果已经定了什么消费计划,就强制自己执行,如果不执行的话,会越花越多,钱自然而然的就会从你的手指缝间溜掉。

◎拼客——既节约了钱,又拼出了快乐

时下很流行拼客这个时髦词,所谓拼客就是拼凑在一起消费。比如说拼车,一个人打车可能得花六十块钱,如果中途正好有两个人也要去你所去的那个地方,那么三个人拼车,每个人才二十元,太划得来了!再比如说吃饭,一个人吃饭既没意思,还浪费钱,那不如找三五好友撮一顿儿,AA制,既省了钱,还增进了感情。当然,时下很多人在网上找驴友出去玩,既能互相照顾,还能玩得更开心,这也是拼客带来的好处。

拼客随处可见,拼租房、拼打车、拼运动等,只要能想到的,都可以拼到一起来消费。既省了一笔钱,还增加了人与人之间的沟通,不失为一种很实惠的消费方式。

◎做个时尚的DIY一族

顾名思义,DIY就是自己动手的意思,DIY最大的好处就是能节省开销,还能增加一些生活情趣。比如说,用废旧的东西做个装饰品啊,或者是给老公织个毛衣之类的,这都能节省一笔开支,还能让家庭的每个角落都处处留下你的温馨,更是增进了家人之间的感情。

◎保存刷卡收据,随时对账

有的白领女性,喜欢毫无节制地消费,这是她们最大的财务致命伤。每个月她们都是辛勤工作,但是一下班看到喜欢的就刷,刷完以后的对账单据,不是随便乱扔,就是揉成一团放在皮包里,然后隔天换个

皮包出门就忘记了。所以每个月她们都不记得自己到底刷了多少钱；刷的时候很开心，可等到信用卡账单一来，整个户头剩下的钱就会全部缴械，这种做法是不可取的。

还有的白领女性拿到信用卡账单的时候，常常想不起自己何时消费了那么多？刷完卡之后，随手就把签过名的收据丢弃。

现代女性朋友使用信用卡，要先做好支出管理，因为，"现债"比"现财"还重要。刷完信用卡后，要将当月的收据整理好，这样不但随时可以对账，还可以随时提醒自己"已经刷了多少钱的债务"。如果你刷了信用卡，然后在下一次缴款期限缴清支出，信用卡绝对会是一种方便的理财工具。如果只是因为钱不够用，就把信用卡当成是提款卡，马上就会一脚踏入负债的旋涡当中。

奢侈浪费、精打细算、理性适度的消费习惯，是分别在女人的不同消费状态体现出来的。要保持一贯的理性适度，就需要女性保持理智，理性适度的智慧消费型女人才能拥有更多的美丽。

生活的基础离不开钱，如果能把指缝中溜走的钱节约下来，合理规划，积极理财，一定能为将来的幸福生活打下坚实的基础。

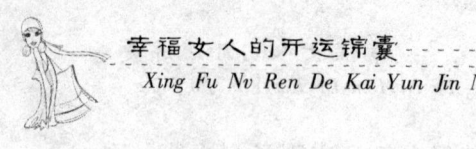

小女人的财富故事会

我比较喜欢看一些鉴宝节目，比如像王刚主持的《天下收藏》，就是我比较喜欢看的一档栏目，每期必看，已经养成了一种习惯。看到某人得了绝世珍宝，我也会激动不已，大声感叹：他可真有财运呀！当然，看到鉴定家举起锤子砸向滥竽充数的"宝贝"，我也会紧张不已……这个电视节目里的那些主人公，他们也是一些普通老百姓，所以这档节目对于我这个小女人来说，不仅能增长见识，重要的是还能看看别人是怎么发财的。

慢慢地，我也搜索我身边人的财富故事，这些故事不一定具有代表性，却让我从中体会到了某些东西。现在就和各位读者朋友们分享一下。

◎钱生钱的聪明女人

丁聪是个聪明的女人，她爱好旅游，特别是驴行，喜欢三五人结伴去那种人烟稀少的地方。每每出发之前，丁聪总是习惯性地带着装有相机、睡袋、帐篷等昂贵物品的旅行袋，出于对大自然的热爱，她每到一处，都拍下大量的照片，有的还用优美的文字做了记录。当然，拍照不只是为了拍而拍，丁聪有她自己的想法，她每次都会把拍摄来的照片做个统一的整理，然后再卖给各种旅游杂志社，赚的这笔钱比起驴行的费用简直是凤毛麟角。

当然，丁聪的理财天赋不只体现在旅行上，在日常生活中，丁聪也是个用钱来赚钱的理财高手。无论消费什么，她都会先想想在消费的时

候能不能再赚一笔。

女人天生爱美，丁聪也不例外。但丁聪不像有的女孩那样去高级商场买昂贵而漂亮的饰品，她是直接去购买黄金，然后再到金银饰加工行加工成自己喜欢的饰品。当然，丁聪在购买黄金的时候是打着自己的小算盘的：其一，直接购买黄金成本较低；其二，购买黄金等于是在选择一种投资方式。

由于丁聪会理财、会赚钱，三十多岁的时候就在市中心买了一套两居室的房子，价值不菲。但是丁聪不是为了买房而买房，后来，她把这套房子以每月2000元的租金租出去，而自己和老公却在郊区花了500元租了个舒适的小型公寓房，这笔账划得来，不仅投资了固定产，在未来的若干年之后必增无疑，而且每个月还能赚1500块钱。

◎保险基金一把抓的女人

记得上大学时的政经老师，突如其来地得了乳腺癌，这种病如果不能马上治疗的话后果将不堪设想。但是一大笔手术费用对于一个普通的工薪家庭来说实在是个天文数字，怎么办？幸亏政经老师为自己留了一手，多年前就为自己买了份女性妇科大病险，并且背着丈夫用自己的私房钱投资了一些基金，没想到现在都派上用场了。

首先大病险可以报销大部分，余下的小部分把当年买的基金赚的部分都拿出来了，这样就解决了这次住院所需要的所有费用。

毕业之后，有一次，我给政经老师打电话，还聊起了关于买保险这件事，她告诉我："买保险当然是保障越全越好，我们平时说的社保，是最基本的保险，就如同我们吃五谷杂粮一样，是最基本的生存保障。商业险就像平时吃的肉类、水果蔬菜等，是均衡的健康保障。就像我在面对突发性的乳腺癌的时候根本不会感觉手足无措，而是大可放心地去医院做手术，至于高额的治疗费用就交给保险公司了。所以买保险就如

同日常生活中的五谷杂粮和肉类蔬菜,哪个都不可缺少。这就像一个骨折的病人在做完手术要用夹板固定腿部时,是选用国产的钉子还是进口的钉子?无可置疑,进口的钉子要比国产的钉子好,区别就是一个在拆钱的时候会很疼,一个却感觉不到任何疼痛。如果没有费用上的区别而且在有医保的情况下当然会选择进口的钉子了,可是这样的好事是不存在的,如果存在的话,那医生干嘛费劲把进口与国产区别开。当你只有社保的时候,只能选择国产钉,如果要选择进口钉的话,那就意味着要自己掏腰包,但是如果你同时还有商业险,那就是保险公司掏腰包了……"

"当然,买保险是为了以后生活的基本需求,而投资基金,则是为了赚更多的钱。如果把保险比喻为生存,那基金则是生活,基金可能是唯一能够带来有休闲生活的投资品。基金不像股票那样存在很大的风险,而且还能使自己的财富稳健增长。当然,购买基金必须是在你拥有闲钱的时候再购买,如果你不太熟悉基金市场的话,可以先考虑为自己买一份定投基金,每个月固定存下一笔钱,到若干年以后,你的帐户上就会无形的增加一大笔钱。等逐渐的在基金市场稳健下来的话,就可以考虑买些债券基金,最后再考虑购买股票型基金,股票型基金的风险最高,购买的时候一定要慎重,如果承担不了这种高风险的话,建议不要轻易购买这种基金。当然,风险高投资回报率也高,可以自己权衡一下……"

我越来越佩服这位女老师了,她不仅课讲得好,而且还很会理财,是个精明又聪明的理财高手,她的这席话让我受益匪浅。

◎ **团购赚钱的女人**

这里不得不提一下我的一个同学美如,她是一个很会打理生活、能把钱掰成两半花的女人,当然,她并不缺钱,只是她从来不花冤枉钱,

她要看上的东西，肯定会用比原价最少低一半的价格拿到手，这一点不得不让佩人服。

有一次，她看上一件3000多的大衣，很是爱不释手，可是看看标价有点高，有心的她便记下了这件衣服的牌子和款式。回到家之后，她在淘宝网上四处搜寻，价格倒是比市场上的要便宜，但是距离她心中的价格还是有点偏高。于是，她找到了这个牌子的一家网上代理商，冒充准备开服装店的老板，和网店的店主谈了谈，他告诉美如一次性购买10件的话就按批发价算。美如本是想自己买一件，可是10件衣服她也消费不了啊，怎么办？于是，她想到了团购。计算下了成本，又考虑到快递、电话费等，美如把批发价提高了一些，然后在一家团购网上发布了一个贴子，没想到咨询的人络绎不绝，想必很多姐妹对这款大衣早已是虎视眈眈了。

最后，竟然凑了15件，于是，美如又和代理商沟通谈价，因为是15件，所以价格要再低一些。最后达成协议，他果然给了美如更优惠的价格。

当然，团购的网友为了慎重起见，要求看一下样货，没办法，美如只能再和代理商沟通，以七折的价格先自行买了一件样货，不过已和代理商达成协议，这件高出的部分要从剩下的14件的费用中扣除。看完样货，网友们都很满意，最后确定下来的是12件。大家交了定金之后，美如就开始往支付宝打钱，货到之后又通知大家到她家里拿衣服。没想到通过团购，美如还从中赚够了一件大衣的钱，这可是实惠不少。而且，她还和那些团购的女人成了好朋友，只要发现好看的衣服，美如就抢先和这几位偏爱衣衣的女人联系。后来还成功的做成了几笔小生意。

聪明吧，会理财的女人在钱财方面总是会精打细算，不仅自己实惠，还能赚足一笔钱。

成为招人喜欢的女人

我想每个女人都希望自己能得到别人的喜欢和垂爱。可为什么有的女人尽管不是很漂亮,但却能受到别人的喜爱?而有的女人尽管天生丽质,但却得不到别人的喜欢?这其中有什么玄机?也许本章能为你找到答案。

冷美人没人爱，微笑女有人宠

自从我把网名改为笑笑之后，就激起很多朋友的好奇心，这些好奇心强的家伙频频向我发出诧异和疑问的表情，连连不断地向我询问为什么要把名字改成这么有趣的一个名字？

是《非诚勿扰》里笑笑的粉丝吗？这不像你的风格啊！

还是希望以后的自己笑口常开啊……

嗯，我想也许是。改名的原因得益于一次一个人在大街上行走，从街道的橱窗上偶尔瞥到自己的脸，天哪，竟是那么死气沉沉，好像谁招惹我了似的，自己当时不禁打了个冷战。好恐怖啊，没有表情，整个脸又呆又僵，没想到自己的脸竟然是如此的丑陋，每天要面对那么多人，别人看到自己的脸不知会不会也有同样的感觉，想起来就有点难过。为了改变这一自己从来都不知的窘境，我在床头、门把上、冰箱等比较显眼的地方，都贴上了一张美女笑脸的贴图，并写了一句话：笑是人生中最美好的事，而美女又是这世界上最美丽的，那么最美好和最美丽的加在一起就是美女的笑了……

时刻警告自己，僵硬的脸没人喜欢，僵住的脸是多么的没有生气。也许很多女人都和我一样，只关注自己身上的衣服了，却很少直面自己无意识时的面孔，也不知道在旁人眼里自己的面孔是什么样子，也就是说，根本没有意识到自己平常时候的表情就和生气时的表情是一样的。

为了证明一下我的判断是否正确，我走在大街上观察来来往往的人群，发现那些时尚的美女尽管穿着很漂亮的衣服，但个个却板着脸，毫无生气，面带这种可恶的表情给人的感觉简直是太糟糕了。当然了，她

成为招人喜欢的女人

们自己肯定不知道自己的表情有多难看，她们已经给人留下了不好的印象，很大的一个因素就是表情太丑陋，以至于让人不愿接近。

在一次回家的列车上，对面坐着两个女孩，一个外表时尚、长相俏丽、把自己的脸画得很精致，但却面无表情；一个长相一般，穿着平常但却一直保持着微笑。

面对这样两个女孩，姑且不去评价谁更漂亮、谁更美丽动人。如果让外人来评价一下谁更招人喜欢，我想大多数的人和我一样，会毫不犹豫地选择具有笑容的那个女孩儿，当然，那些不怀好意的色狼除外。

冷美人尽管美丽动人，漂亮时尚，但那一张毫无表情的脸就足已让人望而生畏了，实际上像这种面无表情整日紧绷着脸的人实在是太多了。而那种微笑美女给人的第一感觉就是容易接近，也让人心生爱意，这样一下子就把人与人之间的距离拉近了。反正我是一下子对后面的那个女孩儿有了好感，一路上和她聊天，说到好笑的地方，不免会大笑一场，列车到达终点，互相留了电话，我们俨然已经成了好朋友。而那位冷美人，至始至终都面无表情，甚至在我们俩乐得人仰马翻的时候，她才会勉强露出点笑意，看得出来，那种刻意和勉强全写在脸上了。

什么也敌不过一个笑容，它的功效就在于人与人之间的距离就因为会心的一笑就拉近了。

我的一位异性朋友告诉我：我和全天下所有的男人都一样，从来都不会抗拒美女，但我把美女分成两类，一类是冷美人，就是那种不苟言笑、装酷的冷艳美女；另一类是笑美人，容颜不一定多娇艳，但始终微笑动人。那种冷美人对我来说毫无吸引力，顶多就是吸引我的眼球在他们美艳的脸蛋上多停留几分钟，真正吸引我的是那种笑美人。从她的笑容里看到的是一种朝气和全身散发出的一种积极的气场，这种感染力总是让我着迷……

看吧，连男人都说了，他们喜欢微笑的女人，那种冷美人对他们没

有任何吸引力，顶多吸引好色的男人多看几眼。

我们的笑容不一定是给男人看的，是笑给自己的。当我们照镜子的时候，总会做出微笑的表情，应该没有人会做着愤怒的表情来化妆吧！可见，其实我们还是很喜欢笑容的。尽管有时候我们知道保持笑容很好，可是离开镜子，我们就会不知不觉地变成那个没表情的自己。我想这是习惯的原因吧，任何习惯都是一样，刚开始如果强制切入意识的话，是什么习惯也养不成，什么事情也做不成。

那么，从现在开始，收起那毫无表情的面孔，试着微笑，给别人和自己都带来点好心情，当然不是要在别人面前做出笑容，而是平时的表情就要变成笑容。

跟我来，微笑，再微笑，始终微笑，扬起嘴角上路吧，你的心也会飞起来的！

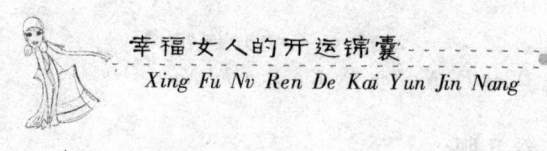

幸福女人的开运锦囊
Xing Fu Nv Ren De Kai Yun Jin Nang

特长也是得到别人喜欢的一种方式

如今，特长也是一项竞争力。越来越多的女人懂得用特长来装扮自己，这样的女人也许不够漂亮，但就是因为会一项特长而让自己在特定的场合绽放出光彩，从而得到别人的认可，让别人对你刮目相看。

春春有一副好口才，一本薄薄的小说会被她那三寸不烂之舌描述得有声有色，口若悬河的她一连能讲两三个小时。而且她的演讲也极具感染力，每次讲到动情的时候，她总是妙语连珠再加上各种各样的手势，让在场的人也是感慨万千，讲到悲惨的情节时，甚至能让别人声泪俱下，春春时常因为她的好口才赢来掌声。其他班的同学都闻风而至，来听春春讲故事。这样，春春在学校里大大小小也算是个风云人物了，虽然她长得不够漂亮，也没有高挑的身材，可是她身上很自然的流淌出一种魅力——足够的自信。实际上，拥有特长的人，不论男人还是女人都更加受到别人的尊重和欢迎。

毕业后，春春凭借其演讲的特长，很容易进入了一家大型公司的公关部工作。在这家公司里，春春的特长发挥得淋漓尽致，大大小小的谈判都有春春参与的身影，她也为公司争取到了很多合作的机会和可观的利润。春春的表现得到了领导的赏识和认可，屡屡得到提升，先是主管，然后是部门经理，现在刚刚三十岁，就被调到华东地区任职区域经理。春春的事业可以说是芝麻开花节节高，这都归功于她的演讲特长。

你有能拿的出手的特长吗？对于女人来说，拥有一两项特长，不仅在工作中能为自己赢得一份机会，而且在其他情势下也能为自己增添一份魅力。特长就是一份竞争力，拥有特长的女人就能得到男人的刮目相

看或者是社会的认可。

你可能会抱怨:"年龄都这么大了,至今为止还没有一项能拿的出手的特长,现在再去培养特长,也没有那精力和时间了。"

实际上特长有时候不需要你刻意的培养,如果你对什么感兴趣,不妨把这些兴趣变成自己的特长。比如说你喜欢书法,那就有意无意地经常练练;喜欢跳舞,那就报个班,就当是健身了,这些事情学点皮毛一点都不难,而且根本不需要你投入很多的时间和精力。但就是这一点点小特长却能在关键时候派上用场,不经意地露一手,会让人惊呼于你的深藏不露。

我有个表姐,三十五六的人了,突然报了个钢琴班学起了弹钢琴,家人对她的这一举动感到不可理解,认为她也只是一时兴起图个新鲜罢了。没想到,表姐还认真起来了,虽然她工作也不轻松,可是依旧坚持每周六去上课,颇为用心。

学钢琴并没有影响到表姐照顾家庭,相反,她和表姐夫的感情很好,孩子也很乖巧。她学钢琴完全是因为自己的兴趣,把这个兴趣培养成自己的一个特长,有何不可?

有一次去表姐家做客,为了助兴,表姐出奇不意地弹奏了一曲。当悠扬的音乐在客厅里响起,大家都安静下来,静静地注视着表姐,那一刻,我们都觉得表姐是个美丽的女人。尤其是表姐夫看表姐的眼神,俨然一个情窦初开的多情郎在默默地注视着自己心中美丽的女神。大家都没有想到表姐的才艺这么快就派上用场了,连我都十分羡慕表姐,下决心也要培养自己的一项特长。

当然,培养特长并不是做给别人看的,懂得培养自己特长的女人都是聪慧的女人,她们知道自己需要什么,从而获得满足。

特长并不是那么轻而易举的就附在自己身上了,把自己的一个兴趣转换为特长需更毅力和努力,不要因为忙着"偷菜"或者额外的应酬为自己找借口,因为一个懂得生活的女人永远都会把修炼自己的内在当成头等大事。

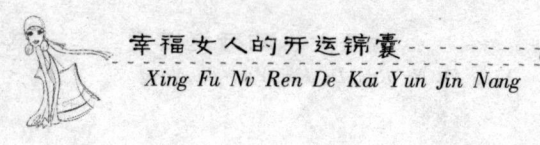

拉近距离，一步步迈进他人心田

凡是女人都爱逛街，在逛街的时候我们都有这样的体会，本来我们对某些产品毫无兴趣，像化妆品啦、日用品啦、衣服啦等，而且这些产品也不是这次逛街的主要消费项目，可总是经不起店员的软磨硬泡。

有一次，我去买办公用品，经过一化妆品店，在好奇心的驱使下进去逗留了一会儿，没想到进去的时候是两手空空，出来的时候已是大袋小袋。

本来我是不打算买化妆品的，只是喜欢逛。刚进去的时候，店员就开始向我介绍产品，我明确告诉她们，我是不会买东西的。这时，店员很"善意"的告诉我：不买也没关系，可以试试嘛，看效果怎么样，就当是给我们做个宣传啦！

试试就试试嘛，反正我是不会掏钱的。不过我也是出于好奇，真的想尝试一下。店员在我手上涂来抹去，期间不断向我介绍产品的功效，"你的皮肤属于干性的，抹上这款保湿霜之后变得多水嫩啊！""像你的皮肤晚上一定要注意保湿，这款日霜配上晚霜一起使用，一个月之后你的皮肤就会有改观的。""这款口红太适合你的肤色了，太漂亮了！"……

两三个店员你一言、我一语的向我介绍产品，之后，又告诉这个产品是如何适用的，如何的物超所值，夸我运气好，还赶上了促销活动，买一瓶日霜和晚霜，还送一个精致的口红，好像我是不买不行了，而且也说不出不买的理由，只好乖乖地掏出钱包。

这些店员们懂得如何一步一步地迈进客人的心田，所以总是让人招

幸福女人的开运锦囊
Xing Fu Nv Ren De Kai Yun Jin Nang

架不住最后乖乖掏钱包。

相信很多人都遇到过和我类似的情况，有时是在办公室，有时是在家里，推销员都会"不请自来"，什么化妆品啊、保健品啊、日常用品啊，应有尽有，可我们总是很难招架，本来刚开始暗下决心任凭他说什么都不会买的，最后却总是没能按照自己的决定来执行。那些推销员之所以成功，就是因为他们能抓住别人的心理，一步步走进对方的心田。

让别人接纳你、喜欢你，是人际关系中最为重要的一个环节。一个有福气的女人总是擅长拉近彼此间的距离。在家庭中，要搞好和老公、公婆及其他家庭成员的关系，在工作中，要搞好和上司及下属的关系，还要应付社会上一些其他关系，如何把这些关系协调好，还能让别人喜欢你，让彼此间的距离更加亲近一些，这的确是一门值得探讨的学问。

拉近和别人的距离之后，最重要的一个好处就是能很快的达到你的目的，当然这需要耍点小计谋。比如当你向别人提出要求之后，这时候得用点技巧让别人尽快答应你，一般人在拒绝别人一个较大的要求之后，会因为辜负了别人对自己的良好愿望而感到内疚，所以愿意做出一点让步，给别人一个面子，使别人获得满足。

聪明的女人应抓住他人的这一心理，把这一心理在实际生活中运用得炉火纯青，既能让别人接受自己并且满足自己的要求，又能把彼此的关系拉近。比如当你看上一件价格中等的衣服之后，你可以向老公要求买一件价格更高的衣服，他可能会因为价格太贵而拒绝你的要求，这时你再要求他给你买那件价格中等的衣服，想必他会欣然接受。再比如你想和老公到国内旅游，你可以先试着提出到国外旅游的计划。当你想求助同事解决某一个问题时，你可试着先请求别人很多问题，等等。这样你的目的就更容易达到。

这就是一个小策略，在准备向他人提出一个要求时，先提出一个大的要求，待别人拒绝之后，再提出自己真正的比较小的要求来。这时，

成为招人喜欢的女人

别人答应你要求的可能性就会增加。

女人在为人处世的过程中要周旋于各种各样的关系之中，如何拉近与别人的距离、走进对方的心田，但同时又能把自己的问题解决，这才是需要女人去学习和掌握的。当然，这其中的技巧还需要慢慢去琢磨。

幸福女人的开运锦囊
Xing Fu Nv Ren De Kai Yun Jin Nang

天真的时候天真，世故的时候世故

天真的时候天真，世故的时候世故，这样的人给人的感觉好像戴了个面具，一说到面具就会让人联想到"虚伪"、"险恶"、"阴暗"等贬义词。其实"面具"并不是一个贬义词，每个人都有一个人格面具，像公检法人员在执行公务的时候总是给人一种很严肃的感觉，但是对待自己的家人却又显得格外亲切；一个员工在公司会显得特别勤快，在家里却又特别懒惰；一个男人在美女面前特别绅士，但在同性面前却又显得特别抠门……所以说，这个社会需要我们戴上面具，该天真的时候天真，该世故的时候世故，这是十分必要的，因为它能保证我们能够与人，甚至是与那些我们并不喜欢的人和睦相处。

但是有的人，尤其是不善交际的女人，却始终不能明白这个道理，一贯我行我素，而且有的女人还认为天真单纯点有什么不好？做人为什么要那么虚伪？何晓就是这样一个不谙世事的女人，却何曾料到给自己带来多少麻烦。

何晓刚刚研究生毕业，应聘到一家电力公司上班。她天真活泼，待人真诚，经常是口无遮拦，想到什么就说什么，对同事们一点都不避讳，这也许与她的天性和刚入社会的原因有关。在这样一家充满勾心斗角、尔虞我诈的大型国企上班，像何晓这样单纯的女孩经常遭人暗算，还会被同事欺负，就连上司也越来越看她不顺眼了，认为她太天真，一点都不精明能干。虽然天真单纯的女孩没什么不好，但在职场这个不是你死就是我亡的小社会里，这样的人无疑会成为办公室"斗争"牺牲品或者别人的替罪羊。

成为招人喜欢的女人

何晓在公司负责文案编辑策划，平时也就写写稿子之类的。有一次，她的主管告诉她要写一份文案，但是没给她具体的资料，也没告诉她具体的交稿时间，天真的何晓以为是领导把这次文案的策划权交给自己了，于是就开始尽情的发挥。两天时间，一份文笔优美的文案做好了，何晓兴高采烈地交给了主管。没想到主管看了之后，并没有发表什么意见，只是把她的文案另交给一位同事重做。

何晓傻了眼了，怎么领导不满意我写的文案？不是这次文案策划全权交给我了吗？后来和同事一起吃饭，偶尔聊到这个话题，同事的一番话让何晓目瞪口呆，"如果把所有的权限都交给你了，那还要他这个主管干什么啊？"的确是这样，何晓也太天真了，做文案前没有和主管充分沟通，没有了解主管的意图，就自作主张地写起来，最后被主管否定也是在预料之中的。

何晓经常干这种天真、不动脑子的事。比如说办公室不时的会有些人讨论娱乐八卦，何晓却恨不得把耳朵堵起来，认为谈论这样的事太无聊了；还有时同事们一起出去聚餐，点的螃蟹到何晓这儿就不够没有了，但何晓从来不吱声，不会像有的女同事那样撒娇地说一声"怎么到我这儿就没有了，再来一个吧！"这样不仅自己没吃到东西，而且还不会被同事领情；更有一次，辛苦一年，领导起来敬酒，何晓却不折不扣的非要让领导干了，不懂得人情世故的何晓怎么连这点规矩都不懂？周围同事见状忙着解围，这才让领导从尴尬的氛围中下了台。

自那以后，领导对她的印象越来越差，什么脏活、苦活、费力不讨好的事情都压在何晓的身上。只要领导不顺心，所有的责备、批评和埋怨都发泄在她的身上，所有的奖励、晋升机会从此再也与何晓无缘了。不仅得不到领导的赏识，就连同事们也越来越看不起她了，虽然嘴上不说，但经常冷不丁的拿她开玩笑，或者像使用下属那样对她颐指气使。

这样的遭遇，何晓很是纳闷，天真难道不好吗？难道泯灭天真，变

得圆滑世故，为了些许名誉和利益就阴谋算计、处处设防、昧着良心做事就好吗？

何晓的问题在于心智过于天真，缺少必要的练达。她已经从一个极端走向另一个极端了，这样一个过于天真的人是不会受到别人欢迎的。她应该丢掉一些天真，学会一些世故，要明白天真和世故不是对立的，两者仅仅一步之遥，只要夸出这一步，就会有另一番景象。关键在于何晓总是走不出这一步，固步自封，最后被扣上天真、不能成大器的帽子。

在这个社会，天真已是傻和幼稚的代名词。如果有人说你是个天真的女人，那你千万不要把这样的话当作是表扬；当然，如果有人说你是一个精明的女人，你也千万不要把这样的话当作是批评。

过于天真的人缺少为人处世的经验，更不懂得人与人之间有时候要世故一些，这样的人常常被别人看轻或者忽视。当然，不是一定要把自己变成精于暗算、城府极深的另一个极端。

去掉无知和幼稚，只保留单纯和简单的方式，变得老练一些、世故一些，因为人与人之间的这种关系有时候就需要世故来维系。不通世故不行，但深于世故也不行，要灵活地处理人情世故，远离阴谋诡计，将那份天真深藏在内心，该天真的时候天真，该世故的时候世故。

招人喜欢的三个小技巧

实际上，招人喜欢是有些小技巧的，如果运用自然、灵活，这些小技巧会在处理人际关系上起到意想不到的效果。以下几个小技巧，你不妨试一试。

◎ 没任何理由的送人小礼物

不知你有没有这样的体会：在收到别人的礼物时总是会欣喜不已，尽管是一些小东西、小玩意儿，拿到的时候却总是感到很开心。

林嘉就喜欢买些小礼物送给她的朋友，如果是去外地或者回老家的话，那就更不用说了，回来时必定是大包小包，就连逛街时，她也不忘记搜索自己满意的小礼物，如果碰上看上眼的东西，她必定会买回多份分发给自己的朋友。

"这种山核桃很好吃，是前几天在淘宝网上淘出来的，送给你一袋。"

这是几天前去林嘉家收到的小礼物，每次见到她，总是会有收获，这些礼物不贵，通常也就是一二十元的东西，但是却让我开心不已。

别看是一些不起眼的小礼物，有时候却能起到意想不到的效果，传递了别人对自己的关心，让人拥有的是一丝丝的小感动。特别是女孩子，对于不期而遇的小礼物，总是能激动不已。

没任何理由的送人些小礼物，这是送东西时的关键。但是，女人往往是比较小气的，只有给自己买东西的时候才比较大方，但是给别人花一分钱心里都会盘算好多次。一般在送礼物时，都是带有目的性的去

送，比如别人帮自己代交水电费啦，帮自己带过孩子啦，或者是别人曾经送过自己一次小礼物，这次就当是回送，总的来说，都是带有理由、带有目的性去送别人东西的。这种带有目的性的送礼物，有时候会让别人的心里有些小看法，"她送我东西大概是准备让我帮她看孩子了吧。""送我东西，肯定是有事求我啦。"在对方的心里，这种有意识的送礼物行为，会让对方心里产生各种各样的猜测和看法，如果你知道对方这样想的话，相信你心里也不会很舒服。

所以说，只有很随意很自然地送人礼物才能让别人舒心。但是送礼物有个关键，那就是不能随便送别人贵重的礼物，当然自己的父母、亲戚除外，因为送别人太贵重的东西会给别人造成心理负担，除非你真有事请别人帮忙，这种情况除外。

既然如此，那就准备点小礼物送给别人吧，可以是从老家带来的土特产，也可以是顺手买下的一个头花，还可以是一些小零食，礼物不贵，却能让人感到意外的惊喜。

◎称赞别人

当我们换了新发型或者新衣服的时候都希望得到别人的称赞，"这件衣服穿在你身上可真合身"、"这发型是在哪儿做的，很洋气啊"，当然，如果有不一样的声音，心里自然是不会很舒畅。"发型是好看，但是……"说这句话的时候，一定要三思，因为在称赞对方的时候，无论如何也不该随随便便地给别人提建议哦，这会刺伤对方的。

前几天，我买了一件真丝衬衣，喜欢得不得了，于是就想把自己的欣喜分享给别人，穿着衬衣去隔壁子悦家显摆，大概女人都有这种心理吧，自己认为是好的东西或者事物的时候总是希望能得到别人的认可，我也不例外。

"子悦，你的家可真够漂亮……"我想让子悦来发现我的不一样，

故意岔开话题谈别的事情。

"嗯,都是我一手装修的,老公一点忙都没有帮……"子悦叽里呱啦地谈着自己的小幸福,却始终没有发现我身上穿着的漂亮衬衣,我心里自然有点不悦,实在是忍不住了,给了子悦一点提示,"子悦,你看我今天有什么变化吗?"

子悦全身打量了我一翻,"你这件衬衣是新买的吧,感觉料子挺好的,手感摸上去不错,穿在你身上人也显得精神多了。"

话说到这里就结束本来就挺好的了,可子悦却非要更热情继续地说下去:"不过我觉得你要是能再瘦点就更能突显身材了……"得到了子悦的夸奖,我心里本来是高兴得乐开了花,可是子悦最后给我提的这个建议,却让我的心情一下子跌到了失落的谷底。心里对子悦自然是有些不满,我又不是来问你的意见的,有些话就不该说出来。

喜欢把自己的想法强加到其他人身上,很多女性都和子悦有着同样的毛病,这是很多女性具有的共同缺点,有这种缺点的女性自然是得不到别人的喜欢,只能招来别人的讨厌。

能给别人带来喜悦的人一定是个很会关心别人心理的人,那就试着发现对方的优点,而不是做对方的顾问。实际上,称赞对方,就是在表达"我一直都在关注着你哦,从来没有无视你哦"。别人穿戴了不同衣物或者有不同装扮的时候,能够立刻发现并且称赞对方,这就是对对方的关心。但是很多人都会认为发现别人的缺点很容易,可要找到对方的优点来称赞就很难了。一个很重要的原因就是没有用心去发现,也就没有很用心的去关心别人。

不管是谁,能得到别人的称赞一定是件很开心的事,并且会越来越认可称赞自己的人,这样人与人之间关系也就变得非常和谐。

所以,从现在开始,试着去称赞别人,让别人开心,让自己舒心。

幸福女人的开运锦囊
Xing Fu Nv Ren De Kai Yun Jin Nang

◎看眼色，演好自己的配角

Joy就是一个不识眼色，也不会照顾别人感受的女人。每次去唱KTV，她总是尽情地解放自己，拿着话筒不放手，一个小时、两个小时……她就始终没有住过嘴，每每陶醉于自己的歌声中不能自拔。在场的其他人打呵欠的打呵欠，喝酒的喝酒，躺在沙发上睡觉的睡觉，只有Joy一个人在自得其乐，实际上，大家都对她很反感，觉得她不识趣，她却浑然不觉。更何况每次唱歌的主题不是这个朋友过生日，就是那个朋友结婚请客，主角根本不是她，但她却喧宾夺主，把包房当成自己的家。所以，朋友们一起去唱歌的时候，总是很不情愿带上她，有的朋友有时候因为她在场，当场找借口离开。

大家对Joy的反感自然是有道理的，因为她这种人比较自我，只关注自己的感受，也总是把自己放到主角的位置，根本不给别人展现的机会，这样的人永远得不到别人的喜欢，虽然大家表面上还和和气气的，但心里对她已意见很深。

在各种各样的场合，有很多像Joy这样的人，在和朋友聊天时，只顾自我陶醉的描述自己感兴趣的话题，却不知道别人对她说的话已经厌烦得不得了；在餐桌点菜时，只顾点自己喜欢吃的菜，根本不照顾一下别人……这种人总是把自己变成中心，从来不懂得顾及别人的感受，所以肯定不会得到别人的喜欢。要想赢得别人的喜欢，一定要杜绝做喧宾夺主的事。

我们经常听到别人的夸赞："她人真不错啊，是个值得深交的朋友。""和她在一起，觉得真开心啊！"……是她人真的不错吗？也许她身上有些良好的品质，值得用心去交。但我想最根本的原因是这个女人很招人喜欢，大家都愿意和她来往，当然，前提是能抓到对方的心理，从而得到对方的认可。

曝光男人的那点儿小心思

从小，我们就接受着男女授受不亲的教育，知道男女是有区别的。当然，男人和女人的区别不只在生理方面，在心理上也有着巨大的差异，男人到底在想什么？本章也许能让你清楚地看透男人的那点儿小心思，读懂了男人，才能走近男人，也才能为自己的幸福增加资本。

色是男人本性，不爱美女的男人不正常

男人是视觉动物，必定会对美好的事物情有独钟，只要面前出现年轻漂亮的、穿着比基尼泳装的美女，上至七十的白发老翁，下至十七的懵懂少年，无不两眼放光、目不转睛、心跳加速、浑然忘我……在男人眼里，美女永远没有看腻的时候，这道美丽的风景线也永远没有落幕的时候。

记得有个异性朋友讲过这么一个笑话，说是有人给一个多金男介绍女朋友的时候，摆在他面前的有四个人选的照片和资料，一个是商界奇女，一个是相貌平平的才女，一个是乖巧可爱的邻家女孩，最后一个是胸大腰细的漂亮美女。多金男看了之后，毫不犹豫的选择了第四个女人。

这虽说是一个笑话，却无不透露着男人天生对美女有着无法抗拒的情愫，在遭遇美女的"视觉轰炸"的时候，男人会表现得异常兴奋。在一幅画面中，出现这么一个镜头，一位年过四十的中年男人，在看到身材被包裹的玲珑有致的大胸舞女出现的时候，不听使唤的下半身顿时鼓起来了，不得不承认这让男人显得很尴尬，但他始终管不住自己的下半身……虽然这组镜头有点夸张，但是却再一次证实，男人就是视觉动物，看到性感妖娆的美女，他的那点小心思就如同脱了齿轮的机器一样飞速旋转：她衣服里的光洁白嫩的皮肤，丰满的胸部，诱人的胴体，这些思想行为的出轨让男人自己都控制不住。这也不能怪男人，因为男人天生就好色，对美女垂涎三尺是男人常干的事。

当男人被问及希望找一个什么样的女朋友的时候，他们大部分都会

口口声声说女人只要善良贤淑即可，但却打着贤良淑德的幌子为自己物色美女，只是他们心中的猫腻不希望被别人发现，他们想用一些手段来遮掩自己虚伪的心灵，他们更不希望自己被别人说成是不懂得欣赏心灵美的男人。美国著名两性情感专家约翰·格雷在他所著的《男人约会向北，女人约会向南》一书中清晰的揭露了男人的这一谎言，他说：男女之前的情感吸引应分为四个层面，对于男人来说，第一个层面是身体的吸引，第二个层面才是情感的吸引，第三个层面是精神上的吸引，第四个层面是灵魂的吸引；但对于女人来说，却恰好相反，第一个层面是精神的吸引，第二个层面是情感的吸引，第三个层面才是身体的吸引，第四个层面是灵魂的吸引……男人和女人心理本来就是不同的。

　　这无疑又证实了喜欢美女是男人的天性，女人也无需非要把男人的这一本性改正过来，也不要因为这条理由去鄙视男人。男人看女人，永远都会把善良贤淑排在相貌之后。也就是说，女人吸引男人的条件，第一是她的容貌，第二是她的身材，第三还是她的容貌和身材，男人好色的本性决定了男人在跟初次见面的女人打交道，头一回是很难对这个女人是否具有过人的才能和聪明的头脑感兴趣。所以，女人应该彻底了解男人的这点小心思，不要被他们的谎言所蒙蔽。

　　有个朋友今年刚好四十岁，多年前离异，独自一个人在北京创业。几年下来，谈的女朋友无数，个个身材苗条、漂亮无敌，反正在他身边是从来不缺女人，用他自己的话说：缺了女人，就没法活了。这也太严重和夸张了吧，但的确是这样。头天和前任女友刚分开，第二天他必然会重新约会一个新的女朋友。先不管他是使用了什么样的手段或者方式，反正他的身边总是美女不断，这是不争的事实。据他的朋友说他最近和谈过两年的女友分开，原因是他看上一个小他十五岁的小美女，然后很绝情地和相处两年的女朋友恩断义绝。

　　我们姑且不去评价这个朋友的玩世不恭，只凭他不断换女朋友这一

点来看，再次证实了男人的确是好色动物，没有不爱美女的男人。

江山移改，本性难移，既然好色是男人的本性，那么这种本性肯定是改不了的。在电视、电影里如果缺失了女人，就如同一道菜没有放佐料，引不起人们的兴致。如果这个世界上缺失了女人，男人们还不得集体去疯狂！

有资料显示：如果男人每天看美女10分钟的话，就相当于做了30分钟的有氧运动。每天都能看到美女的男人，能够延年益寿。可见，好色对男人的身体也是大有益处的。所以，当走在大街上男人偷偷地瞄了一眼对面的美女的时候；当看到电视或者电影里的呼之欲出的酥胸美女男人足足的定睛几分钟的时候；当看到T台走秀身材火辣的美女男人眼珠都快要掉下来的时候……女人还是尽可能地去原谅男人吧，只要男人不过分，我们还是大度一点，让他饱饱眼福，更何况经常看美女的话还能让男人延年益寿呢。不过同时，你也要审视一下自己，男人为什么对你却没有表现出同样的欲望？噢，原来男人都是好色动物，只爱看美女，接下来你该知道怎么做了吧？你该把自己打扮得漂漂亮亮的去"勾引"男人，每天都保持一种快乐舒适的精神面貌，不要让自己的形象被懒惰毁掉，让他对你冲动，让他对你好色，这一招保准管用，即使是上了年纪的男人，这种好色的欲望也浇不灭。当然，如果你觉得自己天生不是那种漂亮的女人，那你可以通过外部的修饰让自己变得更加漂亮，再检查一自己是否足够的性感，因为据我观察，很多女人天生就喜欢把自己包得严严实实，就像装在套子里的人，这样是很难让男人对你动心的。

男人需要女人的崇拜

在一本杂志上看到一句话：女人是用来宠爱的，男人是用来崇拜的。当一个男人得到女人崇拜的时候，男人自然而然地就会自信起来，这种自信的来源就是女人的崇拜眼神。美国大片《超人》、《蜘蛛侠》、《蝙蝠侠》等，其中的男主角救女主角于水深火热腾空飞起后，镜头给予的总是女主角以感激崇拜的眼神凝望男主角，那是崇拜的眼神，男主角自然很是春风得意。因为男人都希望自己强大，渴望自己成为人人崇拜的英雄，尤其是能成为美女崇拜的英雄。

如果你想让男人成为什么样的人，你先告诉男人，他就是那样的人。我们常有这样的体会，如果有人总是说你长得不够漂亮，一次、两次，也许你不会在意，三次、四次……更多的次数之后，你就真会认为自己是个丑八怪，曾经的那种自信心也慢慢地被瓦解了。这也许就是催眠和同化的效果吧！换过来，如果你总是说你的老公很有风度、很棒，同样，一次、两次，他可能不以为然，但更多的次数之后，他就会被你的语言所感染而相信了。反之，如果你总是说他没用、没出息，总是奚落嘲笑他，那他就更加颓废了，会真的认为自己无能，也会真的没出息了。实际上，男人有时候真的很脆弱，他们的自信心绝对是一件易碎品。当然，这也不足为奇，刚则脆、水则柔嘛！这件易碎品很容易被打碎，尤其是被女人打碎，有时候仅仅是女人一个鄙视的眼神、一个不耐烦的动作，就足可以使男人自卑得无地自容。当然，话说回来，男人的自信也容易被女人唤起，只要女人给他足够的崇拜感。

女人应该知道催眠和同化的神奇效果，对老公要表现出非同一般的

崇拜，当然崇拜中还要有赞美、欣赏、依赖、尊重和安全感，而这些是让男人们积极认识自我、振奋精神、增加自信的必需元素。受到女人的崇拜，男人便会激发更多的能量，也会更加自信、更加积极地把事情做好。所以，你希望男人成为什么样的人，你就告诉他，他是什么样的人，只要他做到了一分，你便给予他两分的赞扬，那么他就会朝着十分的方向把事情做好。

聪明的女人不会否定自己的丈夫，她们会表现出对丈夫的崇拜，让丈夫感觉到自己对他的推崇和景仰，并永远保持自信和锐气。

王强在别人的眼里，绝对不是一个出色的男人。三十多岁，一米八的个头，上有老下有小，年富力强时却下岗了。但为了维持生计，他就在大街上摆起了煎饼摊。手艺不熟，刚开始差点做砸了。有一次，我在路边等公交车，那时外面正下着大雪。远远的就听到王强叫喊道："卖煎饼了，卖煎饼了！"我静静地看着他，为他感到悲哀。不管怎么说，曾经还是工厂的一个技术员，现在却沦落到这种地步。为了避免他尴尬，我转过头去没有同他打招呼。正在这时，听见王强喊了一声："下这么大的雪，你们来干什么？"一看，王强的妻子带着女儿从马路对面一路小跑过来，女儿还大声的喊着："爸爸，爸爸……"妻子为王强递上一件厚的棉衣，满是关爱和崇拜的眼神。刹那间，我明白了，当一个男人在生计上混得并不如意的时候，妻子不是奚落嘲笑他，而是依然关爱如初，我想这个男人是没理由倒下的，他应该是精神振奋、自信满满地准备东山再起。果然不出所料，几年之后，王强发迹了，干得非常出色。

实际上，这个时候与其说是对男人的崇拜，还不如说是对男人的一种支持，一种精神鼓舞。一个再失败的男人，都希望自己的女人能崇拜他，希望女人给他足够的信赖和欣赏，如此，他才不会对自己完全否定，他也才会重新树立信心。

一个女人，如果你爱你的老公，你就要在他身上挖掘出他的优点、值得崇拜的地方，对于一些无法改变的自身条件，你更要积极地崇拜或者是"掩饰"。比如，如果你老公长相并不是很好，你可以说男人不看长相，要看能力；如果你老公长得并不高，你可以幽默的来一句：浓缩的都是精华；如果你老公长的有点胖，你可以说很有安全感；如果你老公偏瘦，你可以说那是精干……另外，你希望他具备什么样的特点，你就告诉他他具备什么样的特点，比如，你希望他变得再健谈一点、口才再好一点，那么在他大肆发完一通电影评论后，你就应该立刻适时地提出："哇，老公，你的口才怎么突然变得这么好？"如果你希望你老公的脾气再好一点，那么在他刚刚给你系完围裙的时候，你就说："老公，你好温柔呀！"总的来说，你希望他成为什么样的人，那你就告诉他他是什么样的人。

用你的爱、用你的心去崇拜眼前的这个男人，因为他是你爱的那个人。情人眼里出西施，那是因为爱；崇拜他，那也是因为我们心中有爱。因为爱，所以总能看到他身上的发光点。可是褪去陌生，朝夕相处，看到了他的琐碎、慵懒、不雅与俗气，你是不是会忘记了如何去崇拜自己的男人？当你忘了如何去崇拜自己的丈夫，只会数落、埋怨和生气时，男人也会忘了如何去宠爱你。

当然了，崇拜并不会像电影情节那般夸张，也没必要那么浪漫，只是多关注一些生活上的细节，比如，他签了一个大单，你可以告诉他：老公，你真棒；他下班回来给你买了你爱吃的绿豆糕，你可以给他一个大大的拥抱；他偶尔给你做了一顿饭，你再夸夸他：老公，你做的菜真好吃……实际上，崇拜一个男人就是这么简单。

男人吃软不吃硬，就是爱面子

男人是什么？男人是面子动物，外表看似刚强，内心却极其脆弱，这就是典型的表里不一，这也是男人的典型特征——爱面子。一个男人无论是拼杀在外，还是宅在家中，最看重尊严，也最讲究面子。对于男人来说，面子和尊严比什么都重要，从某种程度上说，这种面子动物就是为了面子而活。

男人爱面子爱到死，为了面子，他不惜跟朋友翻脸；为了面子，他即使丢掉工作也不会告诉妻子，而是在深夜四处投简历，白天满大街找工作；为了面子，他在哥们儿面前胡乱吹牛；为了面子，他会打肿脸充胖子；为了面子，他总是希望带个漂亮的女人出入各种场合……男人爱面子的事情太多了，为了面子，他们可以不惜一切代价，只要能让他的面子光鲜，他宁愿付出所有。

美国的一位心理学家曾经对400位男士做过调查，这些男士从事着不同的职业，年龄分布在20~50岁之间，包括未婚、已婚以及离异，有事业有成的男人，也有一事无成的男人，具体要求是让他们在以下的两个选择中必须做出一项选择：1.独自一人，这个世界上没有人爱他；2.有人爱他，但不尊重他。

调查结果显示，其中有75%的男人选择了。其中有的男士更是直截了当地说："我宁愿娶一位尊重我但不爱我的妻子，也不愿意和爱我但不尊重我的妻子生活。"而相同的调查内容，女人的答案则完全不同，有些女人也发言了，"如果只是得到丈夫的尊重却得不到爱，那样我会受到伤害的。"当然，大部分男人选择了第1个选项，这也并不代表男人

不需要爱,但是如果非要让男人在爱和尊严之间做出一个选择的话,他们宁愿选择尊严,对于他们来说,尊严和面子比较重要。

男人嘛,在人前善意的提示或者批评都会被他们认为是无端的指责,认为这是有失他面子的行为,是在羞辱他。做女人的,一定要知道男人这点小心思,在家里,可以吆喝和指挥男人,但是在外人面前,女人切记要给男人留足面子。不过大多数女人都会犯同一个错误,那就是总是一厢情愿地以自己的方式和对方相处,却不知道自己所给予的是否是男人所需要的,这样的结果必是事与愿违。

Lisa和她的丈夫结婚已经十年了,有一个女儿,一家三口倒也和和美美,但是她的丈夫对他们之间的感情是越来越不自信了。

原因是自从结婚之后,丈夫就一直以一个小茶馆维持生计,日子倒也过得去,闲下来的时候,就和邻居朋友们打打牌、聊聊天,一天也就这样过去了。但Lisa却不甘心久居人下,一天到晚给丈夫施加压力,"孩子要上中学,将来上大学,花钱的地方多的是,你再这样下去怎么能行啊?""你这种男人太没出息了,我嫁给你真是倒了八辈子霉!""你还是个男人吗,是男人的话就出去赚大钱去。"这些话都是Lisa经常数落丈夫的口头禅,刚开始丈夫都默默无语,忍忍也就过去了。可是Lisa竟然当着孩子、公婆及其他外人面前数落他,公然骂他是"蠢猪"、"废物"、"无能",这让丈夫的面子实在是过不去,一气之下就动手打Lisa,这下Lisa更来劲了,"你这个废物还敢动手?"这句话挑起了丈夫更大的火气,他觉得自己颜面丧失,随口对Lisa说:"不想过,明天离婚!"话一出口,Lisa简直不敢相信地瞪着他。

Lisa哭着向朋友诉说自己的委屈:"我跟了他整整十年,吃苦受罪我都不怕,我说他几句,他就和我离婚,再说我都是为了他好……"

丈夫委屈地向他的朋友抱怨:"太没面子了,让一个娘儿们公然在外人面前侮辱我,这种没有尊严的婚姻我宁愿不要……"

很显然，Lisa根本不懂得丈夫，不懂得面子是男人的精神底裤，不给男人面子就等于当众扒了他的底裤。在触到男人最底线的时候，他还有什么不能扔掉的呢？纵使曾经相濡以沫的女人，纵使曾经恩爱甜蜜的婚姻，为了面子，这些东西男人统统可以扔掉。

一个男人说："只要妻子对我温柔一些，我心甘情愿地为她付出一切，但如果她颐指气使、命令我做事，我就会感到自己不受尊重，这样我也会毫不留情地拒绝她……"可想而知，男人把面子看得比什么都重要，聪明的女人应人前人后给足男人面子，女人尊重男人越多，男人就会为女人做得越多。因为女人给予男人的尊重和面子，就等于是给了男人足够的自信，这种自信才是男人前进的动力之源。

实际上，静下心来想想，那可是你的男人，为什么要当众戳穿他？为什么要当众刺痛他？你都不给他好看，谁会给他好看呢？如果你觉得他什么地方做得不妥，也要在没人的地方提示他，而不是当众揭穿。一个聪明的女人，不会在外人面前揭男人的短，当然更不会让男人下不了台。

不过，这样的蠢事我也曾经干过。记得有一次我编写了一本书，答应要署我男朋友的名字。和几个朋友一起吃饭，他很得意地告诉其他朋友："哥们儿最近利用闲暇时间写了一本书，快出来了，到时候请各位捧场啊！"

"谁说是你写的呀，那可是我写的，只是挂你的名字而已……"我生怕别人没听明白，又大声地重复了一句，"到时候我和出版社协商一下，写你一个人的名字就可以了。"回头再看看我男朋友的脸，一阵红，一阵青的……这件事情的结果可想而知，回来之后他就教训了我一顿，"你太让我没面子了，我今天的脸是让你给丢尽了。"我这才认识到自己的言行已经伤了他的面子。

男人的尊严和面子绝对不能碰，一个男人即使再不怎么样，也都希望女人能陪衬他，能给予他足够的尊重，这样他才觉得自己是个真正的男人。

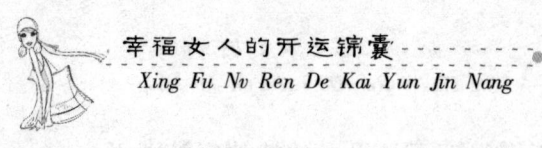

男人喜欢具有神秘感的女人

前不久去参加一个朋友的婚礼，谈到什么样的女人最让男人动心。其中一个朋友一针见血道："藏得住，摸不透。"在座的各位连连点头。

这个朋友事实上道出了男女互相吸引的法则，一个能藏会掩的女人不一定会有惊人的外貌，也不一定有出口成章的才气，这种女人所拥有的是一种特别的气质，一种特殊的味道，深藏不露、飘忽不定、捉摸不透的女人味儿最让男人魂牵梦萦，也最让男人牵肠挂肚。

深藏不露、飘忽不定、捉摸不透无外乎就是神秘感，大多数男人都喜欢有神秘感的女人。一个聪明的女人总是在男人面前若隐若现，让男人有种若即若离、飘忽不定的感觉，这类女人莫名其妙而充满诱惑力，其诱惑力恰恰在于她们的莫名其妙、难以驾驭。这种女人最能吊起男人的胃口，也最能引起男人的征服欲。因为男人天生就是猎手，都有很强的好奇心，越是神秘，越能吸引男人，越能激起男人的挑战欲，借用人类学家的概念来表达一下这个意思：男人在和女人交往的整个过程中，时刻都在渴望获得一种追逐的感觉，即把他的情侣、他的女人当成捕猎目标。

一个深藏不露、飘忽不定、捉摸不透的"三不女人"，能让男人产生一种雾里看花的朦胧之美，他们总想揭开罩在女人身上那层神秘的面纱，一探究竟。这就如同中国画的一个创作技巧"留白"，你不能把整张画画得太满太实，要给别人遐想的空间，如果你画得太满太实，反而没有什么味道了，看第一眼就明白你要表达什么意思了，也就不想再看第二眼。"留白"的奇妙就在于妙得耐人寻味，总是让人浮想联翩，不

要露得那么多，只露一点点，且要露得妙、露得巧、露得刚刚好。

无论恋爱还是婚姻生活，每种情感关系都需要在特定的时机被你"激活"。即便是在结婚多年之后，男人仍希望你不时地去诱惑他，激发他的那种猎手的欲望，这是一种与生俱来的欲望，男人不喜欢呆板、死气沉沉的生活，他需要新鲜、需要刺激，这也是男人雄性特征的标志。

怎样在长久交往之后保持一种捕猎与被捕的氛围？很简单，那就是：你需要让自己多一些神秘感，多一些不可捉摸的因素。因为男人大都喜欢有神秘感的女人，他们希望女人是一本永远读不完的书，耐人寻味，回味无限。只要你知道如何以及在何时变得调皮、何时变得神秘，你就会吊起男人的胃口。这样，即使你很久以前就已经是他的女人了，但他依然会对你虎视眈眈，男人就喜欢这种感觉！这是男人的天性，实际上女人也是如此。换位思考一下：如果男人是一个极易到手的猎物，在女人的心理自然而然产生一种轻而易举的感觉，不知不觉间就会压抑女人的追求欲望。换句话说，这是人类的一种心理，在相处的过程中或是在生活中多设置一些神密的障碍物，让男人感到有趣，他就会乐不可支地围绕着你转。

做个神秘的女人，不要一开始就把自己的魅力释放完。要知道，你以后的人生路还很长，如果你在一两年之内就把自己全都交付给男人，犹如一块透明的玻璃，让男人看得明明白白，实际上你已经在男人的心目中失去了地位，男人也已经对你失去了兴趣。因为男人需要的是更新鲜的东西，在你的身上已找寻不到任何神秘的带有色彩的东西。最有吸引力的女人应该是日新月异，常常更换新面孔、新风格，让男人觉得你是个千面佳人，永远有更好的风景在后头，总是对你饶有兴趣，对神秘的你保持好奇心。如果你一开始就把什么都和盘托出，你这个人就没什么可看的了，也没什么好期待的了。男人对你的兴趣也就嘎然而止，尽管你是他的结发妻子，他仍然可以弃你不理。

男人天生就是雄性动物，天生就有征服女人的欲望，你越是对他不理不睬，他越死皮赖脸的缠着你；你越是神秘，他越是好奇；你越是高高在上，他就越是顶礼膜拜，这就是男人，男人的本性。你如果想让男人心甘情愿的为你付出，那你就要给他一段扑朔迷离的情感，在得到与得不到之间，让男人把最好的东西奉献出来。所以女人不能再那么痴情的任男人伤害，而是要爱得理智，爱得坦然，懂得保护自己。以神秘为武器，以风情为诱饵，做个"三不"女人——深藏不露、飘忽不定、捉摸不透。即使你已步入围城，仍要对围城中的那个男人保持神秘感，让他对你捉摸不透，总是抱着好奇心追随着你。

男人的话题永远离不开女人。他们大都喜欢不可捉摸的女人，因为女人的不可捉摸总能点燃他们探究的欲望，勾起他们的好奇心，刺激他们的神经系统。在男人眼里，这种女人就像一个宝藏，永远都开采不完，他们即使下了毕生的血本也要开采这座宝藏，因为它在男人的眼里是无价之宝，男人愿意为她下资本。也许男人天生就是探险家，总是对神秘、新奇的东西抱有好感，而女人要获得男人的好感，就要保持神秘感，吊起男人探究的兴趣。

所以，对于女人来说，如果要想得到一段百年好合的姻缘，就要学会以神秘为武器，以风情为诱饵，此时，你身边的男人就像蠢蠢欲动的鱼儿，面对诱惑，没有不上钩的。即使那个男人被捕入网中，也会被你的神秘感搞得五迷三道，心甘情愿做个"网中人"。

男人有时候是孩子，需要女人哄

社会和传统赋予男人高大、坚强、勇敢、不折不挠、困难吓不怕、曲折打不倒的形象，男人更是不敢掉一滴眼泪，因为他们信奉"男人就是强者"、"男儿有泪不轻弹"的哲理。

在男人的内心，难道真的是这么想的吗？

甲男人说：社会和家庭赋予男人的责任和压力太大，所以男人有时候会特别累，特别需要女人母性的关怀。

乙男人说：男人首先是人，只要是人就会具备人的七情六欲，只要是人，就有脆弱的时候，毕竟人没有刀枪不入的钢铁之躯。

丙男人说：我们有时候是顶天立地的男人，但是有时候也会茫然、无奈、束手无策、苦恼得不知怎么好，这时，我们也需要安慰、宠爱和鼓励。

……

看来大多数男人有时候并不是强者，他们也有脆弱、软弱的一面，即使一个铁骨铮铮的大男人，也有软弱的纹理。软弱并不丢人，就像人有喜有悲一样自然。不过，还是有很多女人对男人偶尔的软弱不予理解，"男人就是英雄的代称，应该永远挡在女人面前。""软弱？那还叫男人吗？""我是一个小女人，我需要保护，我看不起太软弱的男人。"……看看，这就是部分女人的心理，他们不允许男人偶尔的软弱，要求男人时刻都要坚强，可怜的男人连偶尔软弱一下的资格也被剥夺了。但是再强的强者也有软弱的时刻，这时候就需要女人像母亲、像姐姐、像朋友一样的关怀他。

一个男人，当他灰心丧气的时候，当他不堪重负的时候，女人所需要做的就是安慰他、关怀他、怜爱他，这时候他就是个孩子，他们更需要的是保护和安慰。只有在女人那里得到了足够的精神能量的时候，他们才会重新充满勇气地走出去，才会更加坚强地面对生活中的种种压力，才会更有信心地去承担男人所要承担的责任。

来看看男人孩子气的一面吧。

当做完一件事的时候，他需要女人的褒奖和鼓励，如果是赞美的言辞，他会开心得像孩子一样露出纯真的笑容；他偶尔也会向女人撒娇，和孩子希望妈妈抱没有两样；他下班回家之后，会像孩子一样急于把一天发生的大事小事讲给女人听；在恋爱中，当一个男人钟情于某个女人的时候，他会调皮的像个孩子；当他整个人扎进你怀里的时候，他就像个弱小的孩子在寻找你的庇护……种种迹象表明，男人有时候的确是个孩子。所以说，一个好女人，当男人不得已在你面前展示了他的另一面，你应该感到幸福。因为，一个男人的脆弱只在自己深爱的女人面前表现，当他有勇气在你面前卸掉盔甲、露出脆弱，这是极其珍贵的，那是他对你的相知、信赖与看重的一种表现。

记得有一次，我一回头看见我一个朋友的QQ，聊天记录上显示着一个男人以一个圆圆的吐着舌头的调皮笑脸结束了他们的谈话，后来听朋友说那是一个追求她多年的男人，已过而立之年，说起话来永远像个孩子……

如果一个男人在你面前像孩子一样扮鬼脸和吐舌头的时候，那女人要注意了，这是男人在对你示爱，是一种爱你、喜欢你的表现。因为他爱你，所以他会想尽一切办法来引起你的注意，甚至像孩子一样要宝，他只是想让你意识到他的存在以得到你的重视。所以，一定要明白男人的这种心理，如果你爱他，那就真诚地对待他的"幼稚"，如果你对他根本没有好感，那完全可以不用理会他，慢慢地，他自然也

就知难而退了。

在婚姻中，有人这样说：结婚实际上就是一位老女人把他的儿子交给一个小女人去管理。这句话听起来的确让很多女人费解，难道嫁给他以后扮演的不是妻子的角色而是母亲的角色吗？难道结婚的目的就是去照顾一个小孩子和一个大孩子吗？如果是这样的话，那婚姻也太索然无味了。听到这句话，女人也不要只理解字面意思，这里所说的照顾并不是像他妈妈那样照顾他，而是更多的发挥母性的温情，给他精神上的关照。比如当他特别黏你的时候，这也正是他寻求母性温情的时候，那就不要在他需要你关爱的时候用"没看见我在忙着嘛，快到一边去"、"作为一个大男人，你能不能别这么无聊，真让人心烦"来拒绝他，这会伤到他的自尊心的，他会觉得自己受到了极大的伤害。

社会赋予男人的角色就是要成为一个顶天立地的大男人，平日里他们的压力太大，他们只想通过一种简单的方式来释放自己，什么也不想，让自己变得无比轻松。我想只有在孩子的世界里才有如此境界吧，男人施展孩子气的状态便是他最想放松自己的时候。这也就是为什么男人都喜欢玩游戏，有时候几个大男人拿着几张扑克牌娱乐，这些行为会让女人觉得不可思议，但这却是男人本性的表现，需要得到的是女人的呵护和宽容。

男人的本质上就是一个孩子，偶尔像孩子一样专注地娱乐一下，这也是他们自我解压的一种方式，做女人的应该给予理解。如果你理解他，那就请给他们宽容吧！

花点心思谈恋爱

恋爱是一件很美好的事情,但它也存在风险——如果恋爱不成功的话将直接影响到能否顺利走进婚姻的殿堂。一个会恋爱的女人,自然能很顺利地拥有自己的幸福,因为她始终能明白恋爱的真谛:属于自己的幸福绝不放手,不属于自己的绝对不会吝啬。

谈恋爱的本钱：自尊与自爱

我的一个异性朋友说自己曾经约会过两个女人，她们显然是把"找到丈夫"作为人生的头等大事。

有一个30多岁的女性朋友也曾和我说过：对于结婚，我也是非常向往的，虽然表面上看起来很平静，可我的内心却像是个狙击猎物的狮子一样拼了命地寻找目标，甚至搭上我的自尊。

以上两种女人实际上属于同一种女人，她们对男人过分的依赖，以至于失去了自我，从而在交往中很容易被男人操纵和控制。她们急于结婚的心理是那么的强烈，甚至把所有男人都视为潜在的丈夫人选。这种女人太想结婚了，简直到了一种疯狂的程度，即使正在步入一种可怕的情感关系，她也难以察觉。当然，这种女人的心理很脆弱，在与男人的交往中也常常处于弱势地位，男人对她了如指掌，随心所欲。她们对男人和婚姻的依赖性过强，最终受到伤害必然是女人。

成为大龄剩女的确是一件很尴尬的事，急于把自己嫁掉的那种迫切心情可以理解，但是女人不能因此而失去了自尊与自爱。这样，只会让男人更加瞧不起你，你在他的心中已变得非常廉价了，这样的你最终会受到男人的冷落。而且有些男人总是有意无意地利用你的"疯狂"进一步推进他们的计划。只要主动权掌握在男人手里，那你就输定了！

无论什么时候，无论什么年龄，女人都要自尊与自爱，只有自尊、自爱的女人才能得到别人的尊重与爱戴，尤其是男人对你的爱。

在追逐感情的道路上，有多少女人为此失去了自尊与自爱。这种女人从来不会把自己放在中心位置，在那个位置的人永远是男人，她只是

依附于男人身上的一个附属品而已。等有一天男人烦了、厌了，觉得这个附属品没有价值可言了，比较自私的男人可能会把你随手丢掉，即使不丢掉，也是出于一种同情心理，但是你在他心中已没有任何位置了。

这种女人不够独立，也不够自尊自爱，总受制于男人，被男人牵着鼻子走。而有很多图谋不轨的男人往往利用女人的这一心理而随心所欲地玩弄女人，尤其是一些大龄单身剩女，他们抓住女人急于结婚的心理来达到自己的目的。当然，不排除那些有老婆、孩子的男人，他们打着感情的幌子来玩弄和欺骗女人的感情。往往把目标锁定在那些把结婚当成头等大事的女人身上，这一群体的女人年龄偏大、为了能够结婚已把一切置之不顾，不够独立、没有自尊且不够自爱。男人正在玩一次感情游戏，但很多女人却总是看不透。这种没自尊、不自爱的女人在婚前，不能成为感情的主导者，在婚后，也会成为被遗弃的对象，只是时间的问题。

三年前结识的一个朋友，昨天突然给我打电话，告诉我她失恋了，对于她的恋情中断，我早有预感。整天只围绕着男人转、一切以男人为中心，甚至为了男人把自尊都丢掉了的女人，男人只会感觉到累甚至窒息，他们之间的恋爱已变得歇斯底里，变得异常扭曲，这种畸形的恋爱注定不会长久，分开只不过是迟早的事。

聪明的女人总会给男人一点遐想的空间，男人对她们来说只不过是一种生活状态而已。尽管她们也非常渴望拥有一个幸福的家，但她们在爱情面前更能做到尊重自己、爱上自己。她们不做爱情的乞丐，不会为了爱情而企求男人的施舍，尽管她们有时候也会面临外界的压力和社会的舆论。在爱情面前，不，应该说是在男人面前，她们是有尊严、自爱的女人，她们懂得如何让男人爱上自己。

女人要自尊与自爱，首先从独立做起，学会独自享受。女人的独立性不仅有助于赢得那个男人，赢得爱情，同理也能够悍卫属于你的健康

情感关系所必需的自尊与自爱。

虽然月下老人依旧没有给你牵线,你仍孤身一人,但是你不能为了得到爱情而丢掉自尊与自爱,因为丢掉的不仅是你的人格,更是你幸福的未来。如果你还没有意识到问题的严重性,从现在起,梳理一下自己的头脑,远离受伤的定时炸弹。学会独处、独自享受,给你提供以下建议:

自娱自乐。独自下厨,一个人在公园读书,一个人去看电影,或者独自去听一场音乐会。

为自己做点事。给自己买一样礼物,编织一条围巾,做一次美容,买一盆新鲜的绿色盆栽。

参加学习班。学习一些新的东西,培养新的爱好。

这样做的目的是让你对人生不至于太失望或者太绝望,一个不愿独处、拒绝享用自己的时间的女人往往很容易陷入这种窘境。

在某个特别的一天里,暂时忘了那让人头疼的销售业绩,暂时忘了朋友的派对,尽情地做好自己喜欢做的事情:逛街,听音乐,看电影,上网……总之给自己放个假,让整个身心放松一下吧!

花些时间,让自己变得更美丽些、更快乐些,只有自信、自尊、自爱的女人才能得到男人的爱。

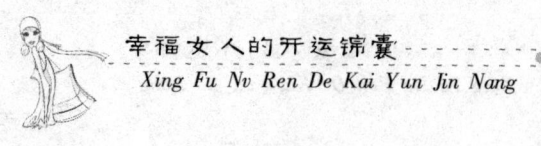

桃花运旺盛，只取一朵

看到某人神采奕奕、精神焕发，我们习惯于开一句"最近走桃花运了"的玩笑，姑且不说这个玩笑是讽刺挖苦还是羡慕嫉妒。但桃花运对于女人来说，的确是一个很神秘的东西。

每天早上九点准时到办公室，第一件事就是打开电脑，随便打开某一网站，先看网站上的星座频道，必看的一项是"桃花指数"或者"爱情指数"，看看这个月、这一周的桃花运怎么样，然后有的放矢，根据桃花指数的报表来穿衣打扮去碰碰运气。因为这种类型的女孩儿大多桃花运一般，只是想通过这些八卦信息来寻找点精神寄托，当然也会把自己的小小心愿寄托在八卦信息上。而那些桃花运旺盛的女人，他们每天连男人的短信电话都应付不过来，自然是没功夫去看这些八卦信息，而且她们也没必要再去算自己何时会有男人缘，因为她们根本就不需要。

看到这些桃花运如此旺盛的美女，那些桃花运一般的女人自然是羡慕加嫉妒，心里愤愤不平：上天为什么如此不公，为什么让一些女人能得到那么多男人的厚爱，而我们却连一个男人的垂青都得不到，呜……

先不要去羡慕那些桃花运旺盛的桃花女，先听听她们的心声吧！"围在我身边的男人不下五个，可没有一个对我是真心的。""到底是为什么呢？男朋友挺多，可一个能发展成老公的也没有。""他们都贪图我的美貌，却未曾对我动过真情。""从多个男人中终于选出一个，他竟然告诉我我不适合做他的老婆，只适合做他的情人，我要的是老婆的角色，而不是情人的角色。""每个人都有自己的特点，选择太多，我都看花眼了，不知道谁真正适合我。""那么多男人追我，我把自己看成是高高在上的公主，根本不懂得珍惜，最终错过了身边的一个好男人。""约会挺多，可一个谈婚论嫁的都没有。"……没想到，桃花运旺盛的桃花女也有如此多的烦恼，她们不稀罕男人缘，却格外重视姻缘，可是姻缘好像并不怎么垂爱这种类型的女人。

杨玲是位可爱、美丽而且又非常热情具有亲和力的女孩子，从上高中开始，围绕在她身边的追求者就络绎不绝，有多金的，有长相帅气的，有浪漫感性的……有这样一群优秀的男人围绕在杨玲身边，她女孩子的虚荣心都得到了满足，她走到哪里，都会遭到别的女孩的羡慕或者嫉妒，就是这样一个招人喜爱的女孩子，却快到三十了还是没有把自己嫁掉。

杨玲挑了又挑，选了又选，不是嫌弃对方学历太低、长相太寒碜，就是嫌对方物质不丰裕、性格太古板，无论是什么样的男人，杨玲都能挑出他身上的瑕疵，苛刻到近乎鸡蛋里挑骨头的程度。

有一个男士的各方面条件都很好，而且也非常爱杨玲，愿意和杨玲结婚，杨玲当时对他还算是比较满意。可她听说对方出身农村，通过考学才改变了自己农民的命运，杨玲的态度来了个一百八十度大转弯，"他从小就在农村里长大，而且他们家三代都是农民，这样的人从骨子里都摆脱不了农民气息，我想我们的结合是个错误……"就这样，本来一段美好的姻缘就被杨玲的三言两语给斩断了。

找不到合适的结婚对象，对此她也很苦恼，用她自己的话说："如果把所有的优点都集中在一个男人身上那该多好啊！他风情、浪漫、帅气又多金，遇到这样的男人我会毫不犹豫地嫁了。"是的，这种多金、浪漫、迷人又对自己好的男人，想必是每个女孩心中的白马王子，这就如同男人找自己的另一半时，总是希望对方是个漂亮、身材好、温柔又爱自己的女人，可是这种男人和这种女人存在吗？即使是存在的，但比例一定是少之又少，因为身上集多种优点的人我们把她（他）称之为

"完人"，"完人"想必在这个世界很难找到。更何况这样的男人他们在挑选自己的另一半时，也会希望对方能像他们一样优秀，所以极品的男人还是去找极品的女人吧，我们只需要把握好次极品的男人就足够了，不要像杨玲那样，虽然自身条件比较优秀，但对男人的挑剔几乎到苛刻变态的程度，最后耽搁的只能是自己。

继续谈桃花运，桃花运太旺的桃花女，爱的余地太大，选择的范围太广，反而往往选不出合适的对象，就像杨玲一样，桃花运太旺，选择的机会太多，这样就造就了她挑剔的毛病。这就如同我们买衣服，到了一个高级的大商场，好看的衣服太多了，看得我们眼花缭乱，刚开始觉得这件也好看，那件也好看，到最后却觉得每件衣服都一般，而且还一一地挑出了毛病，本来是怀着好心情去逛商场的，到最后却怀着失落的心情空手而归。有的人就很相信自己的直觉，面对琳琅满目的商品，她始终相信自己的眼力，第一眼看上的就是好的，然后交款包装带回家。这和某些人找对象谈恋爱是同一个道理，挑啊挑，选啊选，最后还是没有中意的。最好的办法就是从众多的桃花里，只摘取自己第一眼就看上的，而且只摘取这一朵，然后带回家好好地欣赏和爱护。纵然剩下的桃花娇艳欲滴，但始终不为动容，一如既往的珍惜手中的这一朵，因为真正的桃花运，一次就好，不要贪心求多。

碰到好男人，主动出击也无妨

当看到这个标题的时候，有的女人肯定会有所不屑，"我是淑女，要矜持，怎能主动去追求男人，这种事打死我也不会干的。""这个观点我也不同意，让女人抛弃自尊去取悦男人，我无法容忍这样的事情发生。要是让别人知道我干过这种傻事的话，那我岂不是无地自容了？""倒追男人，别人还以为我嫁不出去呢！"

很多女人认为主动追求男人是自贬身价，即使碰到自己心中的白马王子，虽然心中非常想和他谈恋爱，但仍旧抬起高傲的头等待王子主动来示好，让她主动搭讪那是不可能的事，因为在她们的心里，始终有一个难以割舍的小九九：我怎么能贬低自己的身价呢，这么愚蠢的事我才不会干。白马王子呢，也始终没有向女人告白，因为他没有得到过女人的暗示，他不明白女人的心理，以为女人之所以高傲是因为没对他动心。女人的沉默，男人的误解，让一段缘分就此划上句号，女人呢，就这么与幸福擦肩而过。

对于那些碰到如意男人，又能主动出击的女人来说，白马王子乖乖地拜倒在这个女人的石榴裙下，从此以后过着幸福而甜蜜的生活。这时，把头抬得像高傲的白天鹅的女人说了：这个女人有什么好啊，要相貌没相貌，要身材没身材，她哪一样能比的上我？为什么他却选择了她？难道这个男人没长眼睛？……先不要去怀疑这个男人有什么问题，为何不先检验一下自己？始终抬着高傲的头，哪一个男人敢亲近你？实际上，低下头并不会丢面子，说不定还会有意外收获，比如收获幸福。再比如那个懂得主动追求男人的女人，她能取得最终的幸福，自然与她

对待恋爱的态度有关，因为她善于主动抓住机会，碰到好男人，低一回头又何妨？

刚踏入社会的陈陈说：我的男友就是我主动网过来的，认识他是在几年前一个书展上，通过相识了。于是交换了名片，回家就加了他的QQ。当时绝对没什么目的，只是觉得彼此都是同行，日后说不定有什么机会合作，就当是和同行交流经验了。就这样，有时和他在QQ上交流工作方面的事情。他人非常热心，给我解答了做编辑工作中经常遇到的问题，比如如何寻找好选题、好稿子，如何和作者沟通并说服作者接受自己的报价，如何去说服编委会以及各位领导听从自己的观点，如何说服发行部门重点布货等等，凡是与工作有关的事项他都会不厌其烦地通过QQ传给我，这一点让我对他有些许感激，但仅仅限于感激。由于我刚来北京，对北方的生活不习惯，经常拉肚子，睡不好，皮肤干燥，脸上手上长疙瘩等等，弄得我情绪特别低落。QQ的个性签名也寄托了我的痛苦：北方北方我痛你，吃饭睡觉都不好，不是脸上长大包，就是脚上生大疮……

有一天，这个家伙也许是看到我的个性签名了，就和我说："南方人刚来北京的时候都是这样，得适应一段时间，我有一种药，吃了很管用，给你送过去吧！"我只是随口一说："好啊！"没想到过了一个多小时，门铃就响起来，心里正打鼓，都11点了，会是谁啊，大半夜的，这不是扰民嘛！开门一看，是这个家伙，递给我一个用保温杯煲的汤，还有一剂良药，并嘱咐我马上吃下。我一下子对他有了好感，也许是身体不舒服的时候，有人这么关心你，心里还是有点感动的。不过，我听朋友说他本来就是一个非常热情的人，对任何朋友都很热情。反正他给我留下了不错的印象，顾家、细心、热情，长得也蛮精干。

从此之后，我就对他动了芳心，有事没事去他家打着聊天的幌子去接近他，帮他做饭、收拾屋子，脏衣服也帮着他洗了，在他生病的时

候,主动去照顾他,我想他也是喜欢我的吧,可他始终没向我表白。我可不能让这么好的男人落入别人的手里,还是先下手为强吧!

于是,有一天,我约他一起看电影,走出电影院的时候,我还在被电影里的男女主人公的爱情感动得泪流满面,他却在一旁讥笑我,并说电影里都是假的。我趁势抓住机会说:"电影就是生活的真实写照……"在他给我递纸巾的瞬间,我撒娇似的让他给我擦,他有点不好意思地拿起纸巾按照我说的办了……我们的爱情也因我的主动而走出暧昧,现在感情稳定。不过他还时不时的和我开玩笑说我演的是苦肉计,那场电影纯粹是早就设计好的套子让他钻,不过看的出来,他对我也很满意。

陈陈是一个聪明的女人,她懂得主动抓住自己的幸福,面对自己喜欢的男人,她精心地设计了一出"苦肉计",最终收获爱情。当然了,主动追求不是盲目的追求,在确定那个男人不讨厌你而你又很喜欢他的时候,那你就去追,这样的结果往往是能得到男人的爱。

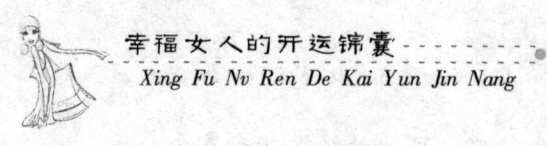

留不住男人心的时候,请留住风度

凌晨一点,接到丁畅的电话,不,准确的说是交警打来的电话。他告诉我说:丁畅喝得烂醉如泥违规驾驶,现在已不省人事,从她的名片夹上看到你的电话就打过来了,如果你方便的话,请过来接一下她,或者转告一下她家里人也可以。问警察要了地址之后,我就匆匆出门打车去目的地,看到丁畅躺在后排车座上,头发蓬乱,开着她的车直接带她回到我家。

一来一去就折腾到凌晨三点多,不到早上六点,我被一阵啼哭声惊醒,醒来一看原来是丁畅靠在床垫上在默默的流泪,我坐起来,她不由分说的抱着我嚎啕大哭起来。

"丁畅,别这样,发生了什么事和我说说。"我安慰着哭泣的丁畅。

任凭我怎么劝,她的嚎啕声始终都停不下来,她情绪平静下来后说道:"我失恋了,那个男人不要我了。"她一字一句的说着,能看得出来她很痛苦。"我不想失去他,失去他我根本活不下去,为了让他留下来,我宁可失去尊严,也不想失去他,可他还是无情地离开了我,任凭我怎么哀求……他为什么就不爱我啊,只要他肯留下来,他抽烟、喝酒、在外面和狐朋狗友鬼混,我都不加干涉,所有的坏习惯我都能包容,我放下了我所有的尊严,可是他为什么还是无情地抛弃了我……"丁畅一股脑儿地把自己的不满向我倾诉出来。

又一个失恋的女人,又一个遭到男人遗弃的女人,我不知道该怎么劝说她,也许沉默就是最好的安慰吧。

当一个女人失恋时,周围的朋友都会劝说她留不住男人的心,那就

给自己留点尊严吧。可是这句话对女人却起不到任何作用，连最爱的男人都失去了，还有什么不能失去的呢？保持尊严？说的容易，可是谁又能真正做到呢？

当然，更多的女人都会说：离开他我就活不下去，我都不想活了，还要什么尊严？

这是丁畅的爱情观，这也是很多女人的爱情观。

回过头来反问一下，你失去了尊严，那个男人就能为你留下来吗？你的楚楚可怜就能换得浪子回头吗？

也许你已经知道答案了吧，这是完全不可能的。即使他留了下来，也是出于怕你想不开而为你做的短暂停留，等有一天他觉得离开的时机到了，他仍旧会甩开你的手弃你而去。因为男人的心肠有时候比女人还硬，对于一个已经失去爱意和感觉的女人，纵使女人一哭二闹三上吊，也不能唤回男人离去的心，甚至这种行为还会遭到男人的鄙视，除了让他更加从心里瞧不起和厌恶这个女人之外，不会有任何效果。

当爱情不再，分手无论对谁都是一种解脱，对于女人来说，可能很难一下子接受这个事实，相爱那么多年，为什么说分开就分开了？尽管女人诉说心中的不舍，他都无动于衷，想的只是尽快结束彼此的关系。女人的眼泪、苦求、耍泼、一切悲痛欲绝，男人都不在乎了，因为这些事已和他无关。爱情不再，再谈和爱相关的事就略显多余了。换成女人，当爱已不再，女人也会同样的显现出不在乎，这一切都源于爱，没有人心甘情愿地为不爱的人付出爱！

为了爱，愿意放弃一切，包括自己的生命和尊严，这是一部分女人的爱情口号。为了得到爱情，没有原则，没有自我，一点都不把自己当回事，那别人还会把你当回事吗？

恋爱中的女人最重要的是不要让男人看轻了自己，也不要给男人轻视自己的机会，当你觉得你们的爱已不再，你已留不住男人心的时候，请给自己留点尊严，优雅地转身和他说byebye，让他明白离开他你不会痛苦，反而会更轻松。给他心里留点失落感，原来这个女人也不曾爱过我啊！让他遗憾，让他匪夷所思，让他捉摸，总之，你不再属于他，他也不再属于你。

潇洒转身的时候，女人也许心如刀绞，但一定要镇定自若，面带微笑，留住风度，把最后一点尊严留给自己。回到家之后大哭一场，擦干眼泪，明天将更加美好，也许一个比他强百倍、千倍的男人已在转角处守候你多时了，那时，再想想当初你的优雅转身是多么的明智哦！

爱情能否代替面包

男友破产了,你还会爱他吗?面对这样的问题,很多女人表面上说爱,并且口口声声说要两个人一起去奋斗,可暗地里却在打着自己的小算盘,他还值得爱吗?没有了面包爱情还能继续吗?这是女人经常反问自己的问题。

是的,爱情不能代替面包,这不是世俗,而是真理!因为女人的时间都很宝贵,不可能把大把的时间浪费在这个看不到任何希望的男人身上,如果你相信和眼前这个穷小子能够拥有幸福的婚姻,能够拥有美好的未来,那你可以执意地等。也许你的付出打动了上苍,在将来的某一天,你会同时拥有爱情和面包,这种几率小得犹如彩票中大奖。

前段时间遇见了一个大学同学,关系甚密,是无话不说的知己。一见面,彼此就打趣起来。一句"嫁了没有?"打开了我们之间的话匣子。

同学告诉我她最近遇到一个"极品"男人,这个男人对待朋友同事正直、真诚又大度,是一个很特别的人。在她累的时候会帮她洗脚,休息的时候会帮她洗衣服,平常感冒之类的一点小毛病他也会很快买药回来,总之,对我同学的关心是无微不至啊,但是她还是选择离开了他。

年龄不允许大龄女拿出大把的时间去谈恋爱,即使是谈恋爱也是以婚姻为前提,恋爱的结果必然是结婚,在婚姻的问题上,这个"极品"男人表现得是难以想象的"极品"。他不上班,胸有大志但是眼高手低,一事无成,还接二连三地花上个千儿八百的"潇洒"一下,薪水连自己的应酬都不够,更谈不上往家里拿钱了,这样平时所有的花销包括租房、吃饭等一些杂费都依靠我同学,而且还时不时从她手里索要些钱去

应酬。一个时尚爱打扮的女孩儿从此变成一个一年连一件衣服都不买的剩女，高级化妆品对她来说更是一种奢侈。在经济最拮据的时候，两个三十多岁的人，在偌大的北京城，全身上下找不到多少钱，简直骇人听闻、难以想象。更离奇的是，这个男人还一直和前女友保持暧昧关系，他们当初分开也是因为男人的不求上进和经济过于拮据。

也许有的女人会说：只要我们之间拥有爱就足够了，有了爱面包自然会有的。如果一个男人对我很好的话，我是不会放弃他的。

试问一下，一个男人对你好的标准是什么？关心你、爱护你、迁就你，还是其他？记得我一个朋友的父母曾这样教育自己的女儿：男人对女人的爱那是婚姻的基础，如果连必备的爱护都没有的话，那又怎么能结婚？也就是说，关爱和经济条件没有绝对的关联，无论他的经济实力如何，夫妻间互相关爱这是婚姻存在的基础。不能因为一个男人对你太好了（除了对你好，其他一无所有），你就非他不嫁，幸福的婚姻必须有爱，但是缺乏爱一定不会存在婚姻。像这位长者说的那样，爱是婚姻的基础，也是婚姻必须的条件，其重要程度就如同面包、房子。当然，对于物质的需求，在二十岁的时候我们可以等，给男人足够的时间，可是随着年龄的增加，你还能等得起吗？没有物质支持的婚姻现实吗？他们能偕手继续人生的漫漫长路吗？可能有的人会反驳我，认为我太现实，但是面对这种境况不得不现实，毕竟生活是现实的，尤其对于一个大龄女人来说，这是必须考虑的现实问题，因为你不能等，如果再等个几年的话，恐怕连生育都是问题。

我同学虽然经历了不幸，却能及时把不幸的局势扭转过来，所以她是幸运的。不过话说回来，这种男人毕竟是少数，大部分男人还是能担当起责任的，对于那些能给予你一个温暖的家且有潜力的男人，还是可以再给男人一点时间，因为毕竟遇到一个相爱的人的机率还是很低的。但是如果你交往的是一个十足的物质和精神都很匮乏的"穷"男人，还

是要想清楚了，要全面地权衡一下，不要等跳进了火炕才追悔莫及。

红拂夜奔的故事耳熟能详，为了追逐李靖，红拂放弃了荣华富贵的生活，从此和李靖过着风餐露宿的生活，当然，英雄不负美人心，李靖最终投奔李世民南征北战得了天下，夫贵妻荣，也算红拂慧眼识珠没白跟李靖。

红拂的精神可佳，可是并不是每个男人都是李靖，做了红拂对你来说可能是灾难，当然，对这个男人也是灾难。你跟他，你心里觉得委屈，因为你自己认为是屈尊下嫁；他娶了你，他觉得你应该跟他患难与共，吃苦受累也是理所当然的。各有各的想法，这样的两个人怎么能在一起呢？也许分手对彼此来说是一种很好的解脱。

如果你有红拂那样的慧眼和胆识，那么爱了就爱了，一穷二白又何妨？如果你不是红拂，那还是知难而退，免得害了自己还伤别人。

总之，爱不只是婚姻的全部，但是幸福的婚姻离不开爱。婚姻中除了有爱，还要面对现实的生活，爱不能代替面包，当然拥有了面包，也未必拥有一个幸福的婚姻，所以婚姻还得我们细细品味、慢慢琢磨。

处心积虑地把自己嫁出去

　　都说婚姻是女人的第二次生命,嫁得好的女人幸福一辈子,嫁得不好的女人苦命一辈子,选择了什么样的男人和婚姻,就选择了什么样的后半生。婚姻关乎到女人的一生,所以女人一定要嫁得好,只有嫁得好才会有更旺的福气。

积累嫁得好的资本

婚姻是女人最好的归宿，凡是女人都希望自己能嫁个好男人过上幸福美满的生活，但嫁人也需要资本。对，没错，要想嫁得好，必须有嫁得好的资本，就像爱情需要面包一样。只是很多人对此非常忌讳，生怕一提及钱就被认为是势利鬼。但事实却是毋庸置疑的，做任何事情都需要资本，拥有了资本，才能拥有幸福的主动权。那么究竟什么样的资本才是女人嫁人最重要的资本呢？

◎ 对于女人来说，形象资本永远都不多余

在本书中，我们已多次提到女人形象的重要性，可以为女人带来很多机会，也能为女人赢得许多人缘。但很多女人把形象和美丽的概念给混淆了，认为形象就是漂亮的脸蛋，有了漂亮的脸蛋就有良好的形象了。这实在是大错特错！一个女人的脸蛋漂亮动人，那是老天怜爱她，赋予了她诱人的先天资本，是别人抢也抢不到的，但如果她既不讲礼貌，又没有品味，甚至还很邋遢，纵使她美似天仙，也不会引起男人的欲望。因为男人也是自私的，当他决定把一个女人娶回家时，他首先得考虑一下这个女人能否给他带来舒适惬意的生活，虽然他很色，也喜欢漂亮的女人，但如果动真格的，把某个女人纳入自己人生的另一半时，他还是会很慎重地考虑的。

所以说，良好的形象是递给别人的第一张名片，不仅包括精致的脸蛋，还包括品味、修养、仪态、举止、谈吐、言行这些内在的东西。比如：吃饭时咀嚼的声音又响又大，对着别人的脸打哈欠、喷嚏……这些

都是没有礼貌和教养的表现。当然，如果你对自己的内在形象很有信心，但也不能忽略外在的一些东西，因为外在的东西也是靠你的精雕细琢而修饰出来的，如果外表不过关，会很难引起别人对你继续探究的兴趣。

◎ 不要因贪"玩"而自毁名声

曾经碰到一个90后的女孩，因过度贪"玩"在被父母告知要顾及自己的贞操和名声时，却遭到女孩儿的不屑一顾，她还有理有据地反驳道：现在都什么社会了，谁还在乎这个？趁现在年轻还不及时行乐？

真没想到这句话是出自于一个小女孩儿之口的，虽然社会的开放性造就了一批贪"玩"的人，但是活在世俗社会中的人，必须得遵守世俗的游戏规则。当然了，也许身为90后的女孩儿对此不理解，也不能接受，更不懂得女孩儿名声的重要性，所以任意挥霍着自己的名声。等将来三十岁、四十岁时，就会明白名声对于一个女人来说是多么的宝贵。

年轻时女人美丽、漂亮，在男人的眼里是女皇，不可一世地主宰着男人，在男人堆里行走着，疯狂地"玩"，尽情地挥洒着自己的青春年华。尝到了被男人围着转的滋味，所以，女人干脆不嫁人，就这么和男人一直"玩"下去，一路下来，虽然经历了不少，却都变成了负数。当真正想嫁人的时候，却发现自己尽管容貌漂亮却嫁不出去，直到此时才翻然悔悟，原来女人的名声是女人嫁人的最大资本。

在娱乐圈里，身价几十亿的富豪对于女人的名声也是格外的在乎。像华谊女星车晓之所以能嫁年轻的山西首富，有人也许会说车晓是美女，长得漂亮，可是在娱乐圈里，比车晓长得漂亮的女星比比皆是，所以漂亮不是理由，最重要的原因就是车晓有着良好的家教和名声，她没有其他女星张扬，也没有过多的绯闻和情感史，这也是最能打动男人的一个很重要的原因。美女谁都喜欢，但能够长久抓住男人心的还是内在

的那些东西，一个长相既漂亮又名声甚佳的女人才是男人心仪的结婚对象。"我不在乎你的过去"请不要相信男人的鬼话，男人不喜欢有太多情史的女人，这是个亘古不变的真理。

所以，世俗仍旧是世俗，这个社会本来就是个世俗的社会，既然活在世俗当下，那就要遵循世俗规则。爱惜自己的名声音像爱惜自己的脸蛋一样，别因年轻时的张扬和贪"玩"让自己名声扫地，因为好名声是女人最体面的嫁妆，胜过一切学历和财产。如果你真的准备收获幸福的婚姻，那请珍视自己的身体以及名声！

◎不要浪费自己的青春资本

你可能怎么也不会相信，三十多岁了无"嫁"之宝的桂冠花落你家，成为一个名副其实的"剩女"。有着美丽的容貌、体面的工作，但是几场恋爱谈下来，婚姻却还是遥遥无期。你也曾无数次为自己祈福，希望在某一天与他不期而遇，但为什么这一天一直迟迟不到呢？究其原因就是年轻时过于挑剔，觉得每个男人都配不上自己，于是就挑啊、拣啊，直到把自己的青春都耽搁了也没找到合适的人选。

罗小湖过了年都33岁了，是一名外企员工，身高165，长相甜美可爱也不失温柔，这样的女人身边自然是不乏追求者，再加上父母、家里的亲戚以及同事朋友都为她张罗介绍男朋友，围绕在她身边的男人都可以组成一个连了。但罗小湖一个都没看上，她的眼光也是一直居高不下，不肯把自己交付给其中的任何一个男人，就这样一晃就33了。没想到过了30岁后，那些曾经像蜜蜂一样围绕在自己身边的男人，反倒看不上她了。家里人对她的婚事很是担忧，劝她找个人早日嫁了。出于家人和自己的压力，最后，她只能选择和一个很平庸的男人结了婚。

实际上，像罗小湖一样的女人太多了，她们天生丽质，姿色出众，在男人堆里是大受欢迎的。但是一个女人纵使再漂亮，当年华不再，在

男人眼里也缺少了诱人的吸引力。因为一个优秀的男人是很少会考虑比自己大或者和自己同龄的女人结婚的,更何况还不知有多少小姑娘惦记着这种男人呢,所以剩女们也只有靠边儿站的份儿。我们经常看到长相娇美的小姑娘跨着一个能当她爹的老男人的胳膊,并洋洋得意地向公众宣布是她的男朋友,尽管这个社会姐弟恋也存在,但是少之又少,也始终很难被世俗的眼光所接纳。

男人似乎越成熟越吃香,女人越年轻越有魅力。所以,年轻是女人嫁人很重要的一个资本,趁着年轻把自己嫁出去,这才是明智之举。

◎ 男人很看重女人的性格

性格这个话题已是老生常谈了,但是性格对于女人能否嫁个好男人起着很重要的作用,所以就有必要提一下了。

有时候一个男人在选择一个女人的时候,首先选择的是性格好的女人,并不是每个男人都把女人的外貌放在第一位。有的女人虽然长相一般,却温柔、和善、细腻、会来事、注重生活细节……光凭这些就让男人爱她爱得死去活来。有的女人虽然长相漂亮,但性格暴躁,爱钻牛角尖,这样的女人始终得不到爱神的青睐和垂青。

小兰是个脾气暴躁,又特别爱钻牛角尖的女孩儿,谈了好几个男朋友都没有谈成,究其原因就是她性格不好,而且还特别刻薄,男方实在忍受不了,不得以分手。

在小兰眼里,她永远都是对的,而且她每次都能找出理由,凡事都要钻牛角尖,爱走极端,死不回头,还自以为是,分明是自己做错了,却指责是别人犯的错。当自己不能和别人取得一致意见时,从来不反思自己的对错,而总是去探究别人做错了什么。就是对父母,小兰也是这样。

有一次,父母劝小兰改一改那种钻牛角尖的毛病,没想到小兰还顶

撞父母:"谁说我爱钻牛角尖啊?我只是做我该做的事,说我该说的话,他们本来就不对,还指责我……"

有的女人会说:我知道女人的脾气不应该像我这么急躁,应该温柔一些,可我天生就这性格,看来是很难改了……性格固然是天生的,虽然很难改变,但却是可以改善,甚至慢慢地养成一种性格习惯。

有的女人天生性格好,温柔、谦和、善解人意,但大多数人就没那么幸运了,我们能做的就是努力提高自己的修养,打造好的性格,这样幸福的婚姻才会光顾你。

也许我们不会那么幸运地拥有幸福的全部资本,但是我们可以通过学习培养自己的资本,不要等着天上掉馅饼,而是要自己主动争取、主动培养、主动修炼。所以,不要再抱怨月老没帮你把红线牵好,从现在起,审视一下自己的资本,记住,你的每一点资本都是一块敲开幸福婚姻大门的敲门砖。

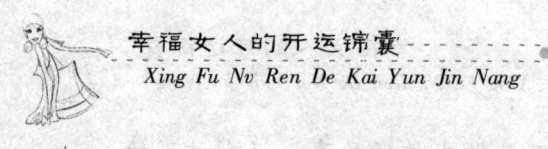

嫁得好的女人，好命一辈子

俗话说：男怕入错行，女怕嫁错郎。结婚嫁人成就女人另外一种人生，可以说婚姻是女人的第二次投胎，如果说父母给了女人第一次生命，那婚姻就是女人的第二次生命。

选择了什么样的男人和婚姻，就选择了什么样的人生，这话虽然直接粗俗，但道理却一点不假。事实就是如此，女人嫁一个好男人，就相当于嫁给了一个好人生。一旦跟错了人，女人前半生的所有努力都将白费。

天下投资风险最大的莫过于婚姻了，因为婚姻充满了变数，也不能确定这个男人能否给你一辈子的幸福，更不能确定它会发生什么样的变数，所以，婚姻需要警惕，嫁人更要慎重。

时下，各大媒体头版头条、各大女性论坛，关于女人干得好重要还是嫁得好重要这个话题，已被一些读者和网友吵得沸沸扬扬。我们先不去评价这两个到底哪个好，但敢于肯定的是嫁得好的女人，一定会好命一辈子。当然，很多女人打着"干得好不如嫁得好"的旗号，把嫁入豪门作为嫁得好的标准，只要有相关的话题，女人往往不会错过，原因无他，这简单的四个字里，囊括了女人最感兴趣的元素：嫁人，豪门！

但是富豪毕竟是少数，平凡的灰姑娘太多了，所以真正嫁入豪门的几率真比中彩票大不了多少。至于那些挤破脑袋于千万美女中脱颖而出的幸运灰姑娘，终于嫁给多金男，进入豪门，翘首期盼豪门媳妇的生活，却发现豪门生活并不是那么好过，豪门媳妇也并不是那么好当。虽然过上了物质丰富的生活，但精神生活却严重匮乏，曾经的梦想、曾经

的目标统统放下，每天的任务只是重复地做好少奶奶。而且由于多金男大多数都是工作狂，所以免不了应酬会很多，甚至找小秘，身体和精神严重出轨，这让灰姑娘痛不欲生，开始悔恨当时为什么要挤破脑袋嫁入豪门，曾经的某个男人把我当成个宝，现在的自己却连草都不如，哎……当然，不排除有少数幸运的女人嫁入豪门之后过着幸福美满的生活，但毕竟是少数。

有一位长者在女儿参加工作之后，就张罗着为女儿找对象，面对众多的候选人，他选择了一位有钱有势的处长。他认为，这个处长有车有房，还位高权重，女儿跟着他一定会很幸福的，并且告诉女儿这个有钱有势的男人不知是多少女孩儿死盯不放的"肥肉"，这样的好机会错过就再也没有了。长者没有听从女儿的辩解，选了个日子，为女儿办了婚宴。可是婚后，女儿的生活并不幸福，这个男人虽然物质基础丰厚，而且也有权势，但彼此的生活习惯、价值观、精神追求都非常不协调。女儿生活得极其痛苦，几次想离婚，都被这位长者给阻拦住了，为了不让父母难过，女儿只好委曲求全答应再和他磨合一段时间，但最终仍无法生活在一起，以离婚收场。

这桩婚姻的功利色彩浓重，夫妻关系建立在物质欲望的基础上，最终以遗憾收场。所以说女人嫁给多金男是存在风险的。当然，这并不是说嫁给穷得叮当响的男人就没风险了，这种男人给女人带来的风险几乎是一生的劳碌命，除非找的是绩优股。

女人到底嫁给什么样的男人才算嫁得好呢？这个问题的答案五花八门，有人认为感情是第一位的，所以不会考虑物质；有人则认为物质是第一位的，把感情放在第二。当然，还有其他的看法，不能说哪种观点是错误的，哪种观点又是正确的，既然给出了这样的答案，那就必定是合理的。

婚姻投资就像投资期货或现货，找现货，毕竟不现实！而且很多现

货男人都是由期货男人升值的,这有一个变化过程,这个过程需要女人拥有发现的目光。一个真正的期货男人一定要有真正的潜在值,有潜在值的男人除了拥有进取心之外,还要有聪明的头脑、乐观的精神、友善的待人方式、一定的文化修养。聪明的女人很容易把一个期货男人培养成一个现货男人,她们是明智的,注重男人的智慧和为事业打拼的能力和实力,哪怕他一穷二白也无关紧要,哪怕他没有高学历也没有关系。因为这个男人一旦升值,属于女人的幸福就不期而至了。但是并非人人都那么幸运,要知道投资期货是有风险的,而女人的年华又易逝,苦苦地守候一个男人,希望他这支潜力股有朝一日能厚积薄发,自己也就苦尽甘来,可是谁又能保证这支潜力股就一定能大涨呢?

话说回来,无论选择什么样的男人,都存在一定的风险,因为婚姻本身就存在风险,但风险毕竟只是风险,它只是一种可能性,而不具有必然性。女人所要做的就是把风险降到最低,认清这个风险,做好心理准备。

对于女人来说,婚姻的基本根基就是这个男人能否给你幸福,要嫁就嫁能够给你快乐和幸福的男人,至于怎么样才算是幸福和快乐?这就要看女人怎么来定夺了。

幸福女人的开运锦囊
Xing Fu Nv Ren De Kai Yun Jin Nang

适合自己的才是真幸福

有的女人看到别人嫁了个好老公，总是会"眼馋"，"眼馋"别人为什么能找到个当公务员的好老公；"眼馋"别人为什么能嫁给一个海归男；"眼馋"别人为什么嫁了一个坐拥房产多处的"宅男"……别人嫁给谁，她都会流露出一种羡慕的神情，羡慕人家为什么运气那么好，找到了一个好男人，自己为什么那么倒霉，寻寻觅觅多年，总是碰不到一个可心的男人。

其实，每个人都有自己的生活，为什么要去羡慕别人呢？你要知道，只有适合自己的生活才是幸福的，既然如此，那就好好地过自己的生活吧。因为眼前人才是最值得珍惜的那个人，这种生活方式才是最适合你的，这样你才会真正地感受到幸福。

记得有一次去买鞋，走到商场看着一双又一双的鞋，也试了一双又一双，没办法，脚太小，穿什么鞋都大。每到一个店面去试鞋，店员都会热情洋溢的如出一辙的夸奖一番，赞美之辞溢于言表。可是每次我的脚都像是在鞋子里划船，但是店员总能找到合适的理由，我一听就不高兴了："漂亮有何用？鞋合不合适只有我的脚才知道。"

的确是，一双再漂亮的鞋，如果穿在脚上要么是大得行走不方便，要么是脚痛得难受，这双鞋即使再漂亮又有何用。这就如同婚姻，合不合适只有穿着鞋的脚知道。很多女人都喜欢穿高跟鞋，但并不是每个人都适合穿，也不是每个人穿上都是那么婀娜多姿。婚姻和爱情也是同样的道理，只有找到适合的才会幸福，因为灰姑娘那双玻璃水晶鞋不是每个人都适合穿的。

处心积虑地把自己嫁出去

记得有一幅关于鞋的漫画,画的是一只露出了脚趾头的破鞋,漫画还注上了一句旁白:几乎跟婚姻一样神秘,舒不舒服,只有脚趾头知道。

有的婚姻在外人看起来是极不般配的一对,可他们却过得很幸福,相反有的婚姻羡慕死外人,可他们却过得不幸。

园园终于出嫁了,在而立之年把自己嫁给了一位名副其实的钻石王老五。穿名牌,出入有名车代步,又有大洋房住,有了丈夫雄厚的物质基础做后盾,婚后的园园辞去了工作,成了专职太太,在家一心相夫教子。园园的这种生活状态着实让她周围的朋友羡慕了一番,还一度成为朋友圈子中的美谈。可是园园真的幸福吗?

园园的老公是独生子,霸道不说,还特别自私,每天酗酒成性,回家之后就拿园园当发泄对象,挨打对园园来说已是家常便饭了,不仅如此,园园的老公还在外面玩女人,这深深地刺痛了园园的心。伤心之极,园园服下三十粒安眠药,幸亏被邻居发现得及时才挽回一条性命。这样的夫妻实际上已没有感情可言,只是为了孩子和世俗的言论才勉强维系。

园园的婚姻,就像挤在皮鞋里的那双脚,是否舒服,只有他们自己明白。这段婚姻也许已被别人传为美谈,但这段婚姻幸不幸福,只有身在其中的人知道。

结婚不是要选最好的,而是要选最适合的。伴侣要和自己相处一辈子,因此不能像装饰品一样,是为了摆在家里好看,带出去给人称赞的。

也许你现在过得很清贫,但生活却安宁富足;也许你不像别人那样住大洋房,但是你们的小窝看上去是那么的温馨浪漫;也许你的爱人不像其他男人那样幽默风趣,但是保证他是最爱你的那个男人;也许你的爱人长相一般,但却是居家的好男人……有这些就足够了,为什么还要

羡慕别人的生活呢？只有适合自己的才是真幸福。

　　这个世界上，每个人都有自己的位置，每个人也都有自己的追求。选择适合自己的生活，便是真正的幸福。恋爱结婚不是找到那个最优的男人，而是要找一个跟你相投，使你心情愉快、能与你和谐生活的人。如果有一个人能够理解你的个性，欣赏你的优点，接纳你的缺点，并且让你尽情发挥自身潜能，那么，他就是最适合你的人。

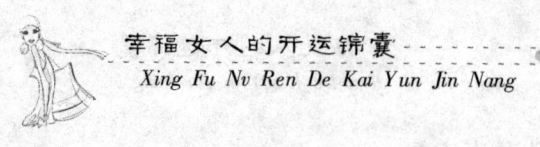

嫁人不要太匆忙

女人到了二十八以后,尤其是临近三十岁大关还单身,大多会受到来自家人的压力,社会的舆论的影响,有时真想找个地缝钻进去。也许你会经常遇到这种情况,当你走到小区门口时,经常会听到别人的议论,"这是谁家的女儿,快三十的人了,还没结婚。""是不是有什么毛病啊?"总之,你一言我一语地议论着,听到这些话,你心里肯定不是滋味。但是你一定要顶住压力,时刻要谨记:随便的选择结婚对像,那将来的痛苦比现在来自外界的压力还难受。

因为随便把自己嫁出去,你嫁的不是爱人,而是寂寞。女人嘛,活着就一定要幸福、要快乐。与其生活在水深火热的婚姻生活中,还不如现在单身来的清静。如果为了堵住别人的嘴而结婚,为了挽回父母亲的面子而结婚,那无疑是一种悲哀。如果你为了逃避压力、偏见而结婚,那么你肯定要为此而付出相当大的代价,这个代价往往就是你降低婚姻的标准。走自己的路,让别人去说吧!

更何况,如果有朝一日,你真的和一个自己不喜欢、经济实力很窘迫的男人结婚了,暂时是堵上了别人的嘴,也向那些嚼舌根子的人证明了你是一个正常的女人,可是结婚以后呢?你的婚姻生活不幸福,男人那点微薄的薪水连养家都不够用,你整日还得为生活奔波。单身时还偶尔买一些像兰蔻、香奈儿这样高级化妆品犒劳犒劳自己,可自从结婚之后,改而代之的却是价格低廉的大宝。你的憔悴和苍老都表现在脸上了,于是那些怀疑你是有问题而不结婚的人又开始说了,"肯定嫁了个穷光蛋,你看看,没几天就像个老太婆了。"某天见了你久违的同学,

"哟,几天没见,就成熟了。"乍一听,好像是在夸自己,千万不要这么认为,傻瓜都能听出来,这是在变向地说你"婚姻生活不幸福吧。"听了这样的话,你心里也肯定也不好受。所以,女人们,要注意,随便选择结婚对像,随便把自己嫁出去,这无异于饮鸩止渴,让你以后后悔都来不及。

上个星期妈妈打来电话说叔叔的女儿就要订婚了,问我什么时候能带个男朋友回家。天哪,堂妹要结婚了?我一开始还不相信,以为妈妈是在开玩笑。还没毕业,刚上大四,二十出头,典型的"毕婚族"。这让我更有压力了,这种压力有时候不是自己给自己的,而是来自家庭、父母的压力,比我小八九岁的堂妹都要订婚了,我这个老大姐却还光杆司令一个,不免有些彷徨和忧伤。

父母和亲戚朋友也总对我说:"不要挑了,人好就行!"虽然知道他们是为我着急,可再着急也不能凑合嫁啊。再说什么叫"人好就行"?不吵架、不打架、能养活自己就算好了吗?要知道世界上起码90%的男人都符合这个标准,难道都适合做老公吗?女人为什么就要凑合结婚?

想想不能为了结婚而结婚,这种短暂的忧伤也就挥之而去了。因为我知道即使现在没有婚姻,我也仍然会快乐的生活,充实自己,淡然地等着我未来的另一半。虽然比不了"毕婚族"的青春美貌,但是我拥有的是二十岁女孩子所没有的智慧和经验、优雅和成熟,这些都是那些"毕婚族"所无法相比的。我相信,上帝不会无情地把我丢下,既然抽走了一根肋骨,那最终肯定会让这根肋骨还原。

但不乏有的女人容易出现自卑的心理,甚至会想:真希望老天发给我一个老公,无论好坏都不要紧,毕竟不是自己选择的。二十来岁的小妹妹都结婚了,自己却年过三十还独守闺房确实是件"不光彩"的事。因而最怕别人谈婚论嫁,也最怕人家以关心的口吻询问自己的婚事,并且对自己悲观失望,认为爱情再也不会光临,从此与爱情无缘了。这种

女人要么把自己的心扉逐渐关闭起来，不去追求，即使真命天子到来，也会"十叩九不开"；要么走向另一个极端，屈从于社会、父母、朋友的压力和影响，采取随大流的做法，草率地找个对象结婚。

也有些大龄女性，因为择偶要求过高而失去了很多机会，应吸取教训，变得现实些。可是，她们反而把找老公的标准提得更高，认为"事到如今，我不能让人笑话"，这种心态使她们更加"精挑细选"，一定要符合要求。她们把爱情理想化，缺乏现实感，总希望自己的爱情像小说描写的那么浪漫：月白风清，白马王子突然从天而降；一见钟情，爱情之花突然奇迹般地大放光彩。须知，婚姻就是实实在在地过日子，脚踏实地地择偶，又何必在梦中浪费青春？

当然，这是截然相反的极端倾向，女人也最容易走极端化，婚姻虽然不是生活的全部，但婚姻仍需我们用积极的态度去面对。

婚姻是一个女人一生中的头等大事，如果婚姻没有选择好，那这个女人的一生无疑要在痛苦和忧郁中度过。因为对男人没有了什么指望，只能依靠自己去打拼，等能靠得住孩子的时候，自己也已步入暮年，人生的大好时光已经成为过去时。

想想吧，如果和一个男人在交往的过程中，发现他有百分之十不符合你的择偶标准，那请你放弃，这样的将就给你带来的是无尽的痛苦甚至婚姻的解体。

不过，对于年近三十但还未成功的把自己嫁掉的女人来说，当务之急不仅仅是把自己嫁出去，而且还要嫁得让自己满意。当然，也要分析一下原因：为什么三十岁了还没有把自己嫁出去？是不是自己太缺乏恋爱的技巧和"手段"了？如果是这方面的原因，你就需要恶补一下了。

美满的婚姻至少需要三个因素，第一：运气；第二：智慧；第三：双方的努力。光靠一方努力是不行的，因为婚姻是两个人的事，如果遇到自己喜欢的，对方也喜欢你的，那就尽快出手，把自己嫁出去。

幸福女人的开运锦囊
Xing Fu Nv Ren De Kai Yun Jin Nang

这几种男人绝对不能嫁

选择结婚对象对女人来说是要冒很大风险的，万一不小心选错了人，那将来受罪的必是女人，一生的幸福更是成梦。所以，女人在选择男人的时候一定要睁大眼睛，以免看错人。对于下面列举的几种男人，出于对自己的后半生负责的态度，女人是绝对的不能嫁。

◎铁公鸡式的男人

我们经常说某人就是一毛不拔的"铁公鸡"，这句话说的就是某人太抠门小气了，就似铁公鸡，拔不出一根毛。"铁公鸡"式的男人比比皆是，和这种男人逛街吃饭，他们恨不得女人能全部买单，并且他们一点也不会流露出不好意思、难为情，这也是"铁公鸡"式男人的一个特点。

刚参加工作没多久，我就在父母的"逼迫"下勉强去相亲，中间介绍人只把我们两人的电话给了彼此，约好时间和地点，我就和那个"铁公鸡"式的男人见面了，相约的地点是在一个公园。

按照他电话里描述的特点，我一进公园门就看到了他，彼此寒暄了一下，我们就在公园的小径上随意溜达。当时已是中午十二点，正是吃饭时间，他却只是不停地问我问题，问我的职业、年龄、家乡以及其他，就是不谈中午饭如何解决，我想他可能是忘记了时间，就这样耐心地等待，十分钟、二十分钟……快半个小时过去了，我饿的胃有点难受，何况早上又没吃早餐，就委婉地问了一下他饿不饿，没想到他的回答差点儿让我晕死，"我十一点的时候吃了个烧饼"就这么一句没下文，看来人家是不准备吃午饭了。最后我又提示他：吃一个烧饼怎么够

处心积虑地把自己嫁出去

啊，我请你吃午饭吧。这次的回答更是雷人：那好啊，我们去附近的一家中式餐厅吃。我有点不快，只是随他来到那家饭店，点了菜，没想到这个不饿的人比我吃的还多。用完餐之后，准备离开餐厅时，他却借口上洗手间，一去又是半个小时，最后我把单买了之后他才出来。从餐厅出来，我就直接回家了，并通过中间人拒绝了他，没想到听中间人说他对我的印象还挺好，想继续交往。

男人的抠门小气其实可以理解，他们喜欢深撒网广捞鱼，认为觉得好再投资也不迟。如果是这样的心态，女人也是能明白的。可是，对于初次见面的异性朋友，他却表现的抠抠搜搜，女人只能理解他没诚意。或者是他曾经失败过多次，在他们看来，过早的投资只能是有去无回。连顿好饭也舍不得的"铁公鸡"，以后也不会带来比便宜饭更贵重的价值了，他们对感情的投入也会非常吝啬，就像一毛不拔的"铁公鸡"，这样的男人，还是不要为好。

◎严重大男子主义的男人

A女人说：我喜欢大男人，因为这样才会觉得有被保护的感觉。

B女人说：大男人太霸道，我才不会嫁给这样的男人。

C女人说：如果大男人的大体现在他的胸襟、他的责任感，那么，即使他有点霸道，我都会接受。

对大男人的看法，三个女人有三种不同的观点。在我看来，要属C女人比较明智。男人喜欢被叫大男人，女人喜欢被叫小女人，那是因为男人需要崇拜和敬仰，女人需要安全和保护。男人的大正配女人的小，也正能满足小女人被保护的欲望。

但是，男人的大男子主义如果体现在大口气、高姿态、男尊女卑、一定要把女人贬低、一定要女人服从等方面，这样的男人对女人有着严重的统治欲望，女人跟着这种男人不是被虐待就是充当受气包，这样的

日子何谈幸福，更是让人感到恐慌。对于这样的男人，最好和他保持一定的距离。我们崇尚大男人，是崇尚那种有胸襟、有责任感、工作上很强势、又懂得用"命令"的口吻关心体贴女人的男人，绝对不是给我们气受、时时刻刻都想统治我们的大男人。

◎ 有暴力倾向的男人

昨天，前同事Susan约我一起喝咖啡，说是心烦，想找我聊聊天，正好我提前完成了我的写作任务，于是就答应了她的请求。

到了一个咖啡厅，在老远处我就看见戴着墨镜的Susan坐在窗边发呆，人看起来有点孤寂。

"美女，在咖啡厅也戴着墨镜，这也太酷了吧。"这算是和她打了个招呼，之后我就坐在了对面的座位上。

Susan一声不吭，默默地把墨镜摘下……"天哪，青一块儿，紫一块儿的，你这是怎么了……"没等我把话说完，Susan的眼泪就如泉水汩汩涌出。

我从包里掏出一张纸巾递给她，"那个畜生昨天又对我动手了……"Susan又哽咽了。

"无论怎么样，他都不能动手的。"我对眼前的这个女人有点同情，对男人却是异常的愤恨。

"和他同居这两年来，刚开始他还好，脾气没那么大，可是自从去年年底，他是隔三岔五的就对我动手，我实在是受不了，要和他分手……"Susan委屈地诉说着心中的痛苦。

我想都没想，随口对她说："这样的男人不要也罢，他现在都这样，以后有你的苦日子受。"

……

Susan的男友是典型的具有暴力倾向的男人，这种男人发疯的时候根本不把女人当人看，对女人不是拳打脚踢，就是扇耳光，简直是有严重

的变态倾向，跟这种男人在一起，女人随时都会面临灾难，是否选择这种男人做老公？我想女人们应该知道怎么做出选择了吧，不要再迷恋他了，因为他只是个传说而已。

◎ 自私的男人

最近热播的电视剧《大女当嫁》讲述的是女主人公姜大雁在三十四岁来临时还是孤家寡人，这可成了家人的心病。为了能早点给大雁找到乘龙快婿，全家人张罗着给大雁介绍对象，于是，大雁像完成使命似的，开始走马灯似地相亲了。其中，弟媳妇把她的顶头上司介绍给大雁，也许是伪装得好，这位儒雅博士刚开始还是很讨大雁欢心的。不过，当这位男士的母亲千里迢迢来见未来的"儿媳妇"的时候，他的自私就表现出来了。他完全不在意大雁的感受，对其母撒谎说大雁还不到三十岁，又自私的让大雁冒雨去接他们一家人，最后却致使大雁严重感冒，在大雁和其母对话时，只要大雁有一句话说得不合自己的意，他就对大雁冷眼相看，一点都不顾及大雁的感受。可以说，这位男士是很自私、很自我的一个男人，绝对不会换个角度去想想大雁是怎么想的。他的一切行为让大雁开始打退堂鼓了，最后大雁毅然离开了他。

这种男人不要也罢，在他的心里只有自己，根本容不下别人，只把自己的感受作为中心，实在是有点自私。为了将来的幸福考虑，对于这种男人，女人还是离开他吧！因为他自私的只考虑别人为他付出多少，从来不会想着替别人考虑，和这种男人结婚，女人不会幸福。

当然了，以上列举的这几种男人也不是绝对的不可嫁的男人，比如小气的男人，如果不过分的话，那可以被认为是会过日子的男人；对于大男子主义的人男人，如果不是过于严重的话，那可以被认为是男子汉。当然对于自私的男人和有暴力倾向的男人是绝对的不能嫁。男人的种类有千千万，关键是选择适合自己的、能给自己带来幸福的那个男人即可。

女人的"战场"

对于一个女人来说,如果家庭经营不善的话,即使工作再怎么出色,也无幸福可言。因为家庭不幸福,女人的一切成功都会显得暗淡。如果说婚姻是女人的第二次生命,那家庭就是女人第二次生命的诞生地,可见家庭对女人来说是多么的重要,家庭经营的好坏取决于女人福气的多少,但经营家庭又是一门学问,这需要女人用心去学习。

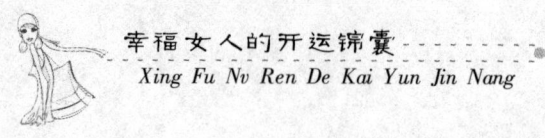

不同的舞台需要扮演不同的角色

婚姻让一个女人从女孩儿转变为小妇人，在没结婚之前，她是父母最宠爱的好女儿、娇公主，进入婚姻的围城之后，她既是老公眼中的妻子，又是公婆的儿媳，还是孩子眼里的妈妈，婚姻的舞台让女人一下子多了妻子、儿媳、妈妈等多个不同的角色，角色的转换自然需要承担不同的责任。在结婚之前，父母把我们当成掌上明珠，那时我们可以任性，可以撒娇，可以依赖父母，无论做什么，父母都是会容忍我们的，我们只需要扮演好女儿即可获得父母的安心。婚姻赋予的多重角色，不是仅有乖巧、懂事就可以扮演好的。

作为一个好妻子，要体贴、关爱、照顾好老公，更重要的是还要花点心思去了解自己的老公，让他感受到满满的幸福，你要扮演好妻子的角色；作为一个儿媳，自然少不了过公婆这一关，自古以来婆媳关系就是最难处理的一层关系，因为毕竟只是姻亲关系，又不是血亲关系，要让婆婆高兴同时自己也舒心，要当好媳妇就得需要扮演好媳妇的角色；作为妈妈，你是孩子踏实的肩膀，你要教育他、保护他，在他面前你要扮演好坚强、严肃又不失慈爱的角色。

舞台的不同，角色自然也要转换，就像变脸谱似的，也许扮演的是正旦青衣，也许扮演的是花旦。角色变了，表演风格和台词自然也就跟着变了。当然，每个角色都需要我们用心去演好，那首先得适应、用心钻研这个角色。但是婚姻中的女人，有时候认不清自己的角色，或者是没能把自己在婚姻舞台上的这个角色扮演好，进而导致婚姻的不幸福、不和谐。

庄丽三十多岁,结婚五年,已是一个三岁孩子的妈妈,但她却仍像个没有长大的小女孩,对于家里像交水费这样的事情,她都不愿意干,家里乱得下不了脚的时候,她才拿起电话向父母请示该怎么做。而且她动不动就往娘家跑,好像现在的家只是她的一个临时居住点,并且大大小小的事情都要向她的父母汇报,大到工作单位改制,小到明天家里买什么菜、做什么饭,她都要向她父母汇报,得到父母的指导后,她才安心地回到自己的家。

尽管她的工作是非常的清闲,但结婚几年来,她都很少在家做饭,下班之后直接带着孩子到爸妈家去吃饭,老公有时候在单位的食堂吃,有时候被她拉着去她爸妈家吃。实际上,老公的心里早已对她抱怨连连。

结婚这么久了,她都从来没有主动给她公婆打过一个电话,就是逢年过节,也是在丈夫的催促下,她才勉强带着孩子去公婆家看看,上午去,下午就直奔爸妈家了,公婆对她这个儿媳也是颇有意见。

老公希望有个温馨的家,希望庄丽能为自己分担一些家庭责任。可是在他的家庭中,他感觉不到妻子的温暖和爱意,甚至感觉不到妻子的存在,似乎是一个家长带两个孩子,而且这两个孩子淘气起来还动不动地往娘家跑。要操心家里的大事小事,老公感觉太累了,他认为庄丽没有扮演好妻子、儿媳的角色,想找庄丽好好谈谈,可是庄丽根本不愿意和他谈,还发脾气说:父母从来都不会说我不懂事,也就是你才这么说。

家庭本来就是一个大舞台,就像演员在舞台上扮演不同的角色一样,处在不同的家庭地位,就要扮演好不同的家庭角色。通常一个人会经常变换自己的角色,在父母家是女儿,在三口之家是妻子、妈妈,在公婆家又是儿媳,由女儿到妻子、妈妈、儿媳的转换就是角色的转换。

当然,并不是每个人都能扮演好自己的角色,就像庄丽一样,虽然

已为人妻、为人母了，但感觉自己还是处于被父母宠爱的少女时代，这就是对自己的角色认不清，没能成功地转换好自己的角色。当然，有福气的女人总是会很成功地转换好自己的角色，她能认清自己的角色定位，在角色需要她的时候，她会调整好自己的心态，整装待发，上台表演，获得别人的喝彩。

作为一个女人，一生中需要多重角色，角色的不同和转换，就需要女人能用一颗成熟的心态去对待自己的角色。就比如女人结了婚之后，就要调理一下自己的心态，因为她的生命中至少会多了老公、孩子、公婆等几个人，他们给予了女人一个新的家庭，他们和父母一样，也是女人生命中至关重要的人物，需要女人去爱和呵护，要和他们和谐相处，要让他们感到幸福，这就需要女人去处理好和每个人物的关系。

女人在父母眼里，可能永远都是一个孩子。可是在公婆的眼里，你就是一个大人，一个和他们儿子组建家庭的成熟女人，如果你总是活在天真烂漫的少女时代，他们会认为你不成熟，甚至给你判"死刑"，认为你没能力承担起家庭的责任。他们需要的是一个贤慧、能干的儿媳妇，而不需要一个一无是处的小女人。当然，在老公眼里，他们也不是永远只需要一个被照顾的小女人，有时候他们也很累，需要大女人的安抚，需要大女人的呵护，如果女人一味地只是扮演小女人的角色，想必会招来男人的烦感。

无论怎样，能经营好家庭的女人就是幸福的，能扮演好角色的女人就是一个聪明的女人。

不要试图改造你的他

他怎么改变也变不成比尔·盖茨,也变不成刘德华。他就是他,这是事实。

李珍经常对她的朋友抱怨说:"我的丈夫喝酒、抽烟、打牌,不良嗜好样样俱全,不讲卫生、不洗衣服、不做家务,毛病不少。可是我喜欢干净整洁,还喜欢安静。几年来我一直在改造他,没料到他竟是那样的顽固不化,不但拒绝改造,还经常生气。我一门心思盯着他,希望他上进,希望他有出息。有时我极力怂恿他去学点什么东西,比如外语、计算机编程等等,甚至提出优厚的鼓励办法。可他每次学什么东西都是三分钟热度,没学几天就放弃了,但我对他的改造却永不放弃。有一两次他趁我心情好的时候对我说:'你不要老是想着要改造我,我已经定型了,就是这个样子了。你无法改变我,正如我无法改变你一样,拜托你不要再改造我了行不行?'你说,改造男人怎么这么难?"

常言说,江山易改,本性难移,这句话是很有道理的。聪明的女人不会去改造男人,而是在共同点上求得生活的快乐。要知道,改造往往会导致感情的破裂。

男人是不可改造的吗?可以这样认为。如果他不是有吸毒、赌博、嫖娼等不可饶恕的恶习,你就不要试图去改造他,这样往往是徒劳的,还可能得不偿失。

但凡女人结婚后都有一种奢望:希望丈夫与自己同呼吸、共命运,保持步调一致,如果丈夫的某些方面不合自己的要求,便想改造男人。改造男人的标准就是自己,比如自己不抽烟不喝酒,就想把男人改造得

烟酒不沾；自己喜欢安静便不希望男人呼朋唤友；自己一尘不染便希望丈夫爱干净整洁；自己心细周全，便希望男人也滴水不漏、左右逢源。女人的嗜好容易膨胀，从小事小节的改造到事无巨细，最后连男人的一举一动，一颦一笑都要合乎自己的规范，不许越雷池半步。

但实际改造的结果如何呢？大部分不如人意，女人费尽心机、磨破嘴皮、软硬兼施、招数用尽，却总是收效甚微，男人们该干啥照样干啥，还嫌女人穷讲究、啰唆、麻烦，弄不好女人被一脚踢出门，男人另寻新欢，所以企图改造男人是梦想。

抽烟、喝酒、不讲卫生无论如何算不上好习惯，女人有一千条理由要改造它，但男人们有一千条甚至一万条理由，讲它存在的合理性。其实男人的一些缺点也是与生俱来的，就像女人天生爱美的优点一样，当你在接受这个人优点的同时也必须接纳他的缺点。夫妻之间面对彼此的缺点，还是宽容一点好，宽容比改造更重要，也更实在。如果大家都想改造对方，改造的结果是两败俱伤，成了一场毫无结果、永不止息的战争，家庭中狼烟四起，战争不断，难道这样还有感情、幸福可言吗？

不仅如此，改造有时还带有破坏性，爱情是一件易碎品，只有精心呵护才能保持它的完美无缺。就像有一个疙瘩的瓷瓶，怎么看都不舒服，总想去掉它，打磨便是改造，用心无疑是好的，但我们往往看到这样的结局：疙瘩没有被打磨掉，瓷瓶先碎了。

男人的抽烟、喝酒、打牌、跳舞，如果还懂得节制，没有什么出格的话，可以宽容他的行为。有时男人也有他的道理，女人不懂。这就跟女人涂脂抹粉、隆胸、割双眼皮让男人不懂一样，任何事物的存在都有其合理的一面，企图改造对方是奢望，最后的结局只能是失望，伤人又伤己。

有人讲过，恋爱时睁大双眼，看清对方的优缺点，结婚后睁一只眼闭一只眼，只要不是什么大是大非的原则性问题，一般情况下应多看到

长处，容忍缺点，有时你想改造他，他不接受改造，两人各不相让，就会引发矛盾，何必呢？所以说，面对男人的缺点，宽容比改造更重要。

男人一生中，除了事业，最大的乐趣就是交友玩耍。而女人最怕男人热了朋友冷了自己，所以对男人的朋友总是心怀敌意，通通贬之为"不三不四"、"狐朋狗友"之类。但男人只要情投意合，玩得到一块儿，照玩不误。男人玩得太晚，回家时女人总是横眉竖眼，厉声喝问："又干什么去了？"男人在外面玩够了，本是怀着十二万分的小心，原想回家和女人温存一番，一见女人那阵势，就什么心思都没了，只冷冷地回女人一句："没干坏事。"然后不再理女人。更有甚者，有时男人回家进不了门，只好到朋友家借宿一宿，时间长了还会让人取笑。

朋友多了路好走，这是男人的信条，所以很多时候，男人宁肯得罪女人，也不得罪朋友。而女人则认为男人是自己的，应该多多关爱自己。当一个男人在外面没有朋友，成天围着老婆转，一旦碰上什么事，束手无策，又找不到人帮忙时，女人也气，气男人太窝囊，简直不像个男人。

许多男人活得十分痛苦，究其根源大都是因为有一个野心勃勃的妻子，常常被她们逼迫着去做超出自己能力范围的事。本来，有很多在低层职位上的人工作得很称职、很快乐，如果强迫他们去争取高职位，只会增加他们的烦恼，从而患上各种疾病，甚至提前自掘坟墓，因为他们的神经系统承受不了过多的责任和压力。

这个世界上，并不是每一个男人都能成为将军或董事长。但是，由于社会对于拥有高职位的人的名声过于夸大，让人们觉得那些满足于低职位的人都没有上进心。女人意识到这种情形，就会提出不合理的要求，认为不论从地位和收入上来看，自家男人都应该超过邻居、朋友家里的男人。事实上，这是一种极其错误的观念。

如果你爱自己的丈夫并鼓励他，和他一起奋斗，你的丈夫一定能够

获得更高的成就。但是，一定不要逼迫他做自己能力达不到的事情，或者给他太大的压力。

每个男人都有自己的个性，世上又无统一的好男人标准，女人却要凭理想改造，把男人弄得像赵家的一样有权，像钱家的一样有钱，像孙家的一样温顺，像周家的一样潇洒，像武家的一样不喝酒，像王家的一样不抽烟，将所有男人的优点都聚于自家男人一身。如果是这样的话，女人永远也改造不出自己理想中的男人，并且这个男人也越来越不像男人。

如果想做一个聪明的女人，就不要试图去改造男人。

女人的"战场"

捍卫自己的老公，小三保证没机会

如今，关于小三儿的话题已不是什么新鲜话题了，各大网站，各大论坛，各类情感专线，此类话题也是最为热门的。某某幸福家庭因为小三的介入濒临解体，某某和睦家庭因为小三的出现闹得不可开交……这年头，小三到处都是，让人防不胜防。

如果把结婚比喻成一项投资的话，那爱情就是本钱，小三就属于营业外支出。有了小三这一项营业外支出项，那营业中的总收入就会受到影响，甚至会导致破产——离婚。

一个有福气的女人是宽容的，但不会宽容到把自己的丈夫拱手相让，所以婚姻需要经营，小三还得需要防范。不要等到小三这项营业外支出严重超支的时候再整治，那时恐怕是为时已晚，因为一旦发现老公苗头不对，就杀无赦、斩立决，这样的快意恩仇虽然痛快，但对濒临绝境的婚姻却于事无补。在防范小三问题上，福气女人自然不会把问题都归结于老公和三儿身上，而是运用自己聪明的智慧和招数来挽救这段婚姻，把这场节外生枝的风花雪月扼杀在摇蓝中。

倩倩的婚姻走过第七个年头，频频亮起红灯。和很多婚姻一样，属于七年之痒，审美出现疲劳，而且丈夫在外面有一个更漂亮的年轻女子的执着追求。这好像是考验倩倩的时候了，说实话，当倩倩得知丈夫有外遇的时候，心都凉透了，哭了整整一天，曾一度绝望想要放弃婚姻，但又不甘心、不忍心放弃这段缘分。于是，她试着努力去挽救这段感情。

倩倩没有像别的女人那样任人宰割或者是像个疯婆子似的找丈夫大

闹，相反，她一改往日那种朴素的妆扮，头发也烫了很流行的陶瓷烫，把柜子里几年前的旧衣服都淘汰了，统统换成了非常性感的套装或者礼服。没想到经过这么一收拾，一个活脱脱的美女就产生了。本来倩倩就长得很漂亮，只是婚姻生活已逐渐把她的那种激情给磨灭了。

当倩倩站在老公面前时，老公惊讶得目瞪口呆，怎么也不相信这是和她同床共枕了七年的老婆。当然，倩倩的行动才刚刚开始，她把孩子交给老妈，每天打扮得漂漂亮亮去上班，也不会像以往那样踩着点儿下班给老公做饭，她再也不会拒绝异性朋友的邀请，差不多一周五天其中有四天和朋友一起吃晚饭，一起去做美容，周末的两天时间倩倩也没让自己闲着，而是换起休闲装，约好朋友一起去度假村玩。

倩倩的这些行动让老公慌了，不到半个月，老公主动找倩倩谈话，向倩倩认错并保证以后一定不会再犯错。自那以后，没想到这个曾经不到十二点不回家的男人现在比倩倩到家还早，更没想到的是还主动把晚饭做好等着倩倩回来吃，只要倩倩晚点到家或者在外和朋友吃饭，老公的电话马上就追过来了，有时在中午时段还要给倩倩打个电话问候一下，倩倩好像回到了恋爱时的感觉。

如果倩倩发现老公的婚外情就此放手的话，婚姻可能早就解体了。但倩倩就是个善于争取的女人，哪怕有一丁点机会，她都要努力争取，这样才赢得了美好幸福的生活。正如"谋事在人，成事也在人"，倩倩就是这样做的，最终打败小三，成功挽回幸福的婚姻。

喜新厌旧是人的本性，尤其是男人，不得不承认他们的花心，今天喜欢身材高挑的，明天喜欢小鸟依人型的；今天喜欢开朗奔放型的，明天喜欢温柔贤淑型的……男人喜欢不同类型的女人不亚于女人对衣服的喜好程度，相信没有哪个女人只会穿同一种风格、同一个牌子的衣服。知道了男人的这一本性，也许有的女人对婚姻、对男人要失望透顶了。实际上大可不必，你不能要求男人喜欢你一个，但是你完全可以做到男

人只对你一个女人负责,从这一点来说,男人还是很有责任心的,不然的话他也不会选择婚姻。我想这也是女人经营婚姻的法宝。

在婚姻生活中,始终要坚持美貌与智慧并重,贤良与品味共存。也就是说,我们既要会打理生活,做好贤妻良母,又要有自己的生活情趣和品位,让老公对你永远保持新鲜感。在对待小三的问题上,聪明的女人会保持适度的警觉,既不像看犯人似的整天看着老公,但也不会糊涂到等小三抱着孩子找上门来才知道自己才是真正的冤大头。

在电视剧里经常上演这么一幕:男主角一向下班后准时回家,可最近总是加班或应酬,回家也越来越晚了,回到家,手机也不离手,即使是上厕所也不例外,而且手机一响就神色慌乱,最后干脆把手机调成了静音、短信加了密码……实际上,这些现象就是生活的真实写照。如果婚姻中出现这种危险信号,千万不能掉以轻心,应立刻进入打三行动。

对于打假行动,我们坚持的是刚柔相济的原则,不能太强悍,火冲脑门,闹个天翻地覆,这样的结果是打三不成,反而自己落得赔了夫人又折兵;也不能太软弱,太软弱的话只会给男人和小三更多肆无忌惮的机会,结局的悲惨不亚于强悍的结局。

涉及具体小窍门,女人不妨动动自己聪明的头脑,利用一些小手段制止男人想出轨的念头,要学会打扮打扮自己,可以尝试不同的风格,给男人一个惊喜。利用周末时间一家三口到郊区做短途的旅游,让男人真实的感受到他现在很幸福,有个快乐、幸福、和睦的家庭。另外,也可以把孩子送回父母身边,两口子再重温一下二人世界,手拉手去看一场电影,共进浪漫晚餐,试着找回当年恋爱的感觉。

没有谁希望自己的婚姻被别人横插一脚,但是事情既然已经发生了,女人就必须学会御敌于家门外,运用自己的宽容、爱、智慧不动声色地做好补救工作。

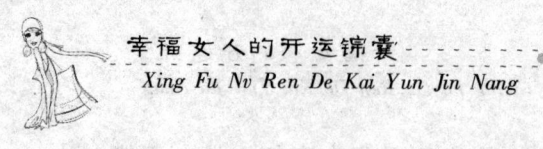

呵护幸福，学会甜言蜜语

呵护幸福，甜言蜜语就是聪明女人最有杀伤力的武器

可可经常向朋友抱怨，自己每天煞费苦心研究各种菜肴，还得洗衣服照顾孩子，为这个家做了这么多，怎么就是得不到婆婆的一个正眼呢？而且丈夫也对她不冷不热的。要知道，可可没出嫁之前，过的那可是公主般的生活，每天只负责把自己打扮的漂漂亮亮，出去逛个街之类的，顶多也只是帮父母买买菜而已。嫁了人，按常规说可可应过上少奶奶的生活，因为夫家是那一带有名的名门旺族，家底丰厚，无人不知，无人不晓。可是通过可可的描述，能判断出她过得并不快乐，得不到婆婆的认可，看不到丈夫的热情，可可到底哪里出错了？

两个长相不相上下的美女嫁入豪门得到待遇却是截然不同，一种是如鱼得水，把公婆、老公哄得天花乱坠；另一种是被打入冷宫，拙嘴笨舌得不到公婆的认可。究其原因还是没有处理好人际关系，只要嘴甜一点，随时恭维一下公婆，这样的媳妇谁不喜欢？可是有的女人就是张不开口，虽然心里知道看到公婆要笑着打招呼，但嘴就是不争气，能躲则躲，无奈时叫一声"爸、妈"，这样的儿媳怎能让公婆喜欢呢？

聪明的女人始终明白嫁老公不只是嫁给老公一个人，不是只有得到老公一个人的心就万事大吉了，还得得到公婆的疼爱，这样你在这个家的地位才能稳定，才不会被挤压。即使是和老公吵架闹到要离婚的程度，有公婆这把保护伞，你还怕什么？有时候，得到公婆的庇护反而比得到老公的心更能巩固你在整个家族的地位和需要程度，让公婆来重视你，让公婆来疼爱你，这是你成为家庭核心力量的法宝。

公婆并不需要你为他们做什么，实际上他们是很容易满足的，只要你懂得适时对他们甜言蜜语、说说好话，比如见到婆婆，热情的叫上一声"妈"，夸夸她最近气色好、人也精神、看起来年轻多了，时不时地给公婆送个小礼物哄哄他们，他们就很开心了。好命的少奶奶都具有这项哄老人开心的本领，她们不需要做什么，只是带着一张甜嘴巴就能把公婆哄得服服帖帖，得到了公婆的心，你所提的要求，他们是没有理由拒绝的，你的话甚至比养了多年的儿子还管用。

生活中确有这样的事例：晓晓计划着和男朋友结婚买房，由于两个人都是刚刚参加工作，根本没什么积蓄，怎么办呢？只能暂时向家里要钱，好在男朋友家也算是略有家底。由男朋友出面和家里索要买房子的钱，可是任凭儿子怎么要，父母就是不肯出手，并且还说要亲自交到未过门的媳妇儿手里。后来，这个未过门的儿媳亲自出马，未来的公婆才把买房子的银行卡交出手。

这就是活生生的例子，还未过门，还不是人家的媳妇，竟然已经笼络了公婆的心，不知情的人还以为她费了多少心思去笼络公婆呢。实则不然，用晓晓的话说：我只是有事没事地经常给他们打打电话，和他们说点甜言蜜语，有时候到他们家吃饭夸夸婆婆的手艺好，并偶尔帮他们捶捶背或按摩一下而已。

搞定公婆无非就是嘴甜点，偶尔说说甜言蜜语。要知道，甜言蜜语是天底下投资回报率最高的事，说几句好话，就能让公婆心甘情愿地拿出自己辛苦一辈子的积蓄，聪明的女人都善用这一招。

公婆搞定了，你在这个家的地位就基本上稳定了，至于老公，搞定他更是容易，经常在他耳边吹吹风、给他说点好听的话，他就会立刻变成超人完成你的心愿。时下很多女人一直在研究如何搞定男人，其实大可不必花费时间和精力。要搞定男人很容易，因为百分之九十九的男人都喜欢会撒娇的女人。所以男人也是最好哄、好骗的，只要女人对他多

关心一点多温柔一些，男人就会乖乖地主动把心肝掏出来，全心全意做女人的情奴。

女人在结婚以后，有意无意地责怪自己的老公对自己没有结婚前那么好，而且还总是吃"狐狸精"的醋，时时担心自己的老公被"狐狸精"给迷走。但仔细一想，那些"狐狸精"并不比自己长得漂亮，她的迷人招数充其量也就是会撒娇。那么，为什么自己不修炼一下这种迷人的"媚术"呢？温柔地向老公撒撒娇，随时把他弄得神魂颠倒，让他随时被你倾倒，时时迷恋着你，有你这样一个"妖媚"的"狐狸精"，你心爱的男人怎么会舍得离开你。

不仅公婆、老公喜欢嘴巴甜、会说话的女人，外人对这种女人也是欣赏有佳，一个不会说话的女人纵使长得貌若天仙，也不会受到别人的喜爱，当然除了喜欢她的那个男人之外，但这种喜欢也是短暂的。

幸福女人的开运锦囊
Xing Fu Nv Ren De Kai Yun Jin Nang

老公"行不行",关键在于你

年轻时,经常说"不"的往往是女人,而到了三十岁以后,却轮到男人说"不"了。频率降低了,性爱的质量也降低了。渐渐的,夫妻之间的话语也越来越少,生活如一潭死水,没有一点灵性。

有时候你甚至会怀疑是不是丈夫变心了,还是在外有"小三"了等等。于是三天一小战,两天一大战频频爆发。老公烦了,你也烦了!夫妻之前有了隔阂,还能保证之前恩爱的关系吗?

前段时间到已婚的慧萱家做客,发现她愁眉不展,脸色也不好,还以为她和老公吵架了,她却摇摇头,"如果是吵架就好了,关键是比吵架还难受啊!""什么?"慧萱不好意思的悄悄对我说,不知为什么,老公不"行"了,也不知道是不是自己的原因。慧萱甚至还怀疑自己已经老了,老公不喜欢她了。两人因为那方面的问题已经好久没说过话了,真不知道该怎么办?

慧萱所说的这种情况是很多女人会遇到的。从生理上讲,女人三十岁是性爱黄金时段的开始。三十岁的身体比二十岁时更成熟,所以欲望也更强烈。但男人却正好与女人相反。慧萱的丈夫也不是因为不爱慧萱了,工作的压力,再加上婚姻的审美疲劳,时间久了,缺乏了新鲜感,自然那方面也就不争气了。

这时作为妻子的你一定要体谅丈夫,运用自己的聪明智慧调动起丈夫的积极性,先给丈夫精神上的关怀和体贴。在周末休息的时候两人可以手牵手逛逛公园,看一场电影,吃一顿烛光晚餐。丈夫喜欢晨跑,你不妨也少睡个懒觉,陪着丈夫一同运动,共同和他做一些事,勾起他的

女人的「战场」

"性"趣。

男人总是对女人穿什么样的睡衣最感兴趣。穿一件最具女人味的蕾丝睡衣,有点露、有点透,演绎一丝恰到好处的女人性感;弥漫着一种氤氲的女人气息,混杂着甜美、清新、性感、可爱、野性是一种很难说清楚的感觉;展现出女人半遮半掩、充满暧昧的性感,这样的女人更具有杀伤力,更让男人有种窒息的感觉。虽然男人嘴上口口声声说喜欢保守一点的女孩儿,千万不要相信男人的这些鬼话。在男人的心里,床上穿着暴露、激情奔放的女人永远比那些乖巧的女人更惹人怜爱,更能点燃男人最原始的欲望。有很多女人总是费尽心思去学习征服男人的秘诀,实际上,男人很简单,只要女人能展示自己很女人的那一面,相信很多男人都会被折服。试试看,穿一件性感的睡衣,把你最撩人的一面展示给男人。

懂得在床上赞美男人的女人无疑是女人中的精品。大多数男人都喜欢自己的女人在鱼水之欢之后夸奖自己一番,这样男人会感到莫大的成就感,如果在床上你像木头一样平躺着只会令男人扫兴。聪明的女人在男人爱爱时懂得如何放松自己,让自己尽情地享受,本来享受性爱是每一个人的本能,没什么害羞的。可有的女人对做爱这种事会感到难为情,认为那是一种不雅行为,有失女人的本分,而且还时刻保持一派淑女的气势,即使躺在床上,也非常谨慎,一动不动,任男人怎样摆布都没有任何反应。在她们的意识里,认为叫床这种事只有下三烂的女人才干得出来,所以极尽可能的压制自己的冲动,让自己平静、平静、再平静。

在外为贵妇,床上为荡妇,这种女人对男人有极大的吸引力,她们不仅在床上放得开,让男人感受到欲仙欲死的快乐,极大地满足男人的欲望。更重要的是这种女人还会在性爱高潮结束之时奉上一句诚心的赞美,比如"老公,好舒服哦!""老公,你好厉害哦!"之类的赞美,这

种赞美能达到极佳的鼓励效果，因为只有此时男人才会感觉到自己的强大有力，这对男人来说太重要了。

乖乖女如果懂得这一条戒律：适时地赞美一下男人，男人会为你去做一切事情，如果在床上能恰到好处地赞美男人，男人会为你献出自己的生命。你"皇后"的位置绝对坐得稳稳的，千年不败。任凭什么"白骨精"、什么"妖精"之类都勾不走你眼前的这个男人，因为你的那句"老公，好舒服哦！"时时都萦绕在他的脑海里，他的征服欲已经在你哪里得到了完美的释放和体现，他还哪有精力和时间去关注别的女人呢？

擦上诱人的香水。男人总喜欢用鼻子去记忆或接触女人，总结出一个欣赏女人的最好方式，就是和她擦肩而过后，微微低头轻轻嗅她的后颈散发出的气息，那种气息最让男人招架不住。即使女人不是天生的美女，但这种气息已经让男人流连忘返了，把男人的魂已经"勾"走了。这种女人不一定漂亮，不一定年轻，不一定有气质，但就是这种女人能抓住男人的心。因为她们善于抓住细节，善于抓住男人的软肋，懂得把握香水的魅力。只用淡淡的一缕香气修饰着自己的美丽，用一股迷人的香气勾走了男人的魂，其效力比迷魂药还要厉害，能让男人爱上这种味道，从而离不开拥有这种味道的那个女人。

当然了，缺乏运动和不健康的饮食是男人性功能低下的一个重要原因，从根本上改善了这两个问题后，再配上一些"助性"的食物，老公自然是"情难自禁"了。常见的"助性"食物有卤沙丁鱼干、小鱼、鸡、韭菜、蜂蜜、巧克力等，对于健康的性生活有显著的效益。但要少吃红萝卜、莲心、冬瓜、菱角等"败"性食物。

一个聪明的女人，应该懂得如何帮丈夫消除压力，缓解疲劳，并进一步引发出他的热情，甚至刺激出更多的激情来。

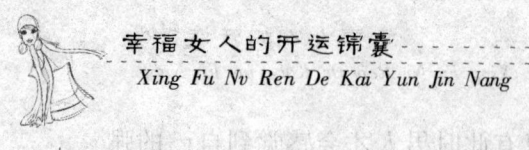

幸福女人的开运锦囊
Xing Fu Nv Ren De Kai Yun Jin Nang

打造温馨的家庭是女人的天职

我相信哪个男人在回家之后都不希望看到这样一个场景：厨房杯盘狼藉，昨天的盘子和前天的碗都没刷；客厅里四处是吃剩的果核皮；地上的头发丝凌乱不堪；卧室里的床单已经脏得不辨黑白了。这和单身生活有什么区别啊？早知如此，何必当初要结婚啊？这样的家对男人实在是没有什么吸引力，他们宁愿过着单身时的那种生活。

一个男人，在紧张的工作之后，原想回家享受一下舒适、安宁的感觉，可是凌乱不堪的家庭环境，会让他觉得整个身体都处在紧绷的状态中，而且还会让他的心烦意乱更甚，甚至会有更大的、意想不到的情况出现，就像下面的这位男士一样。

一位三十五岁的男士说："我们的婚姻维持了六年，于昨天正式解散。实际上，我妻子还是不错的，人很漂亮，工作能力也强。但她就是不喜欢做家务，六年中，我算了一下，她收拾家的次数不超过十次，也就是说平均一年最多两次。一般情况下，我们的家就像打完仗的战场，东西堆得到处是，几乎下不了脚。我也说过她多次，她不仅不理会，而且还为自己找了一堆理由：什么女人就该干家务活儿吗，整理得规规矩矩有什么好啊，反正我是不干，你看不下去，你去干！我实在看不下去，偶尔会利用周末的时间把家彻底的清理一下，收纳闲散物品，清洗积了太多油腻的灶台，擦洗满是灰尘和污渍的地板……当然，干这些活的时候，我都是堵着一口气，心里满是怨言。有一次，我八十岁的母亲到我家小住时日，她实在是看不下家里的凌乱不堪了，所以帮我们收拾了一下，可是在收拾客厅的时候，一不小心踩到扔在地上的一根香蕉

女人的「战场」

皮,就这样,摔成了脑震荡,现在也没有痊愈。我悔啊,母亲是因为给我收拾屋子才导致现在这样。更何况这么多年的生活让我并没有感受到家庭的温暖,反而每天面对的是一堆垃圾。作为女人,她没有给我带来家的感觉,我觉得我们没必要生活在一起了,我已经对她失望透了。"

这位男士就是忍受不了家里的脏乱,家都不像个家,以及后来母亲也是因此而出事,所以一气之下才解除了自己的婚约。可想而知,这位男士的妻子在家庭料理上完全没有尽到自己的责任,他也是忍无可忍了,对和她生活过六年的女人已经完全失望,这种情绪估计不是一时半刻而来的,而是长久因为对家庭的舒适度不满积聚在心里的苦闷所致,再加上母亲最后出事也是和家庭的凌乱有关,不到万不得已,我想这位男士是不会离婚。大多数男人在结婚前可以忍受自己的"窝"——脏、乱、差,但是在结婚后他绝不想再过那样的生活。婚姻是家成立的条件,有了妻子的男人都希望能拥有一个温馨舒适的家,彻底告别"单身汉"式的杂乱生活。

家是什么?著名作家蒋子龙曾这样谈家:"家是一个男人的城堡,一个女人的天堂。劳累了一天的男人,希望回到一个情意融融、轻松、舒适的家。家,便是他身心俱累时休息的港湾。在家里,男人都渴望得到妻子的体贴和抚慰,消除疲劳,恢复体力。而作为妻子的你,就要扮演好妻子、朋友、情人等多种角色,给男人一个温馨的家。"而能做到这些的,就是一个真正懂得爱的女人。

有的女人会埋怨:现在的社会,女人也要撑起半边天,要工作,要照顾孩子,哪有大把的时间来做家务?这是懒女人给自己不收拾家找出来的借口。实际上,把没有生气的房子收拾成家是费不了多长时间的,只要用心把家收拾利索,再加以修饰,原来空落落的房子就会变得生机勃勃。

一个温馨充满爱意的家应该是一个洁净有序的家,因此,把自己的

家打造成温馨的家最重要的是要保持一个洁净度，一个干净整齐的居室即使简陋，对人的吸引力也远远胜过一个污浊杂乱而装修豪华的别墅。我想任何人都对美好的事物有好感，当女人正在瓶瓶罐罐精心打造自己脸庞的时候，也许男人正在为家里的凌乱而愁眉不展，因为他不喜欢脏乱，不喜欢呆在脏乱的房间里，就比如说好几天没吃的水果正在发霉却依然躺在水果盘里；卫生间的毛巾东一条西一条；袜子永远是一打一打地堆在洗衣机里；衣橱里的衣服皱巴巴地摞在一起……这些不美好的事物让男人看得心烦意乱，他还哪有心思去看你那张已经非常精致、完美无瑕的脸庞。所以，懂得爱的女人知道如何把家打造得舒舒服服，让男人的心情放松，让他的身体得到休息，这样，男人和女人在一起才会觉得惬意，男人也才会更加留恋温馨的家。有人说，这也是女人留住丈夫的心、让他每天都能按时回家的一种方式。

当然，打造温馨的家除了保持家里的清洁度之外，更重要的是精心的打扮你的家，让你的家看起来更加具有格调。有一次去表妹家，80平的房子，却被表妹"折腾"的温馨又浪漫，更重要的是只要一进她家就会感到一种舒适感。只见墙上挂了一幅字画，餐桌上放了一盆绿色植物，墙角边立了一个地灯，沙发上摆了几个福字靠垫，他们俩卧房的装饰灯上精心的包着一款淡红色的微带透明的纸张，真是浪漫……这一切足见女主人的细心和用心，更见女主人别具一格的情调。

其实家不需要多么华丽，多么宽敞，家就是一盏引他前行的灯，让他走多远都不会迷失方向。女人用你细腻的心，精致的双手，守护自己的家，为丈夫营造一个温馨的港湾。

她是他的妈，你的婆婆

一个男人中间夹着两个女人，一个大女人，一个小女人，这个大女人是男人的妈，也是小女人的婆婆。婆媳关系也就因这个男人的存在而产生了。

一个女人一旦步入围城，必须面对很多关系，其中最重要的一个关系就是婆媳关系。很多女人会天真地认为：把婆婆当妈看，婆婆也会把自己当成女儿看的，婆媳关系应该就没想像中的那么难处理了吧！大错特错，再好的婆婆也不是妈，也许你会认为这种观点比较偏颇，但这却是事实。

婆婆和自己的妈妈永远都是有区别的，妈妈和女儿血脉相连，在一起生活了二三十年，在妈妈的眼里，自己的女儿永远是一个漂亮的、可爱的孩子，即使哪件事做错了，那也是对的。但是婆婆却不一样，当他的儿子牵着你的手走进他们家门的那一刻，婆婆就会用一种挑剔的眼光看你：是不是漂亮，懂不懂礼貌，对他儿子好不好，会不会过日子等，在婆婆的眼里，你就是一个大人，偶尔孩子气的撒娇也会显得别扭。当婆婆用一种挑剔的眼光看你的时候，你的心里自然会有一种警惕，"眼前的这个女人到底是个什么样的女人，我该怎么做才能把这种关系处理好"、"她不会是一个恶婆婆吧，那我可惨了"等，你的心里会冒出各种各样的疑问，相信走进婚姻围城的各位姐妹肯定深有体会。

我们不排除有的婆婆就是一个通情达理、又很开明的好婆婆，同时，也不排除儿媳对婆婆也很孝顺。但是我们前面已经讲过了，婆婆就是婆婆，婆婆不是你的妈，是和你共度后半生的那个男人的妈，婆婆和

你只是因一个男人而成为一家人，所以，你要时刻明白你们的这种关系。

"房子的贷款还没有还完，她却隔三岔五地买新衣服，一点也不懂得过日子"、"家里乱得像打过仗"……婆婆和别人的偶尔一次不咸不淡的对话，让你们的关系瞬间崩溃，如果是自己的妈妈这样说女儿，女儿自然不会当回事，而且还会向妈妈撒娇让妈妈帮着收拾家务或者其他。有时甚至可以肆无忌惮向父母发火生气，虽然这种行为是受到谴责的。"妈，这个菜怎么做得这么咸，我不吃了。"理直气壮地放碗走人，尽管如此，妈妈不会责怪我们，顶多唠叨两句。但是如果面对的是婆婆，虽然你是过了瘾了，但却得罪了一个重量级的人物，甚至演化为大的家庭纷争。这再一次证明，婆婆就是婆婆，婆婆不是妈。因为和父母之间的矛盾仅仅停留在表面上，不会再衍生出其他的问题。原因只有一个：他们是你的父母，你是他们的女儿。你永远都不会怀疑这种关系，你们之前的矛盾只是小摩擦而已，绝对不会引发更多的不愉快和更大的家庭纠纷。但婆媳关系却不是如此，婆婆最爱的那个人是她的儿子，尽管她儿子就是你的老公，是你在这个世界上最爱的人。但是你们绝对不会因为这个最爱而成为志同道合的人，恰恰相反，你们就像情敌一样，尽而衍生出你们之间不可避免的矛盾。基于婆婆和媳妇都是女人，而但凡女人心思都很敏感，喜欢关注细节，对人对感情都有很强的占有欲。有人说，婚姻有时是两女一男的战争，两女即是老婆和婆婆，一男即是老公。说来说去，婆媳之间的最大矛盾，其实就是两个女人对一个男人纠缠不清的爱。婆婆爱儿子，这种爱是天经地义的，媳妇爱老公，这也是夫妻之间的爱情。无论哪种爱，都爱得理所当然，可是因为爱的方法不一，婆媳之间就产生了矛盾。

中午就餐时间，编辑部的几个小女人们七嘴八舌地聊起婆婆这个话题，说起这个，薇薇就气不打一处来。

幸福女人的开运锦囊
Xing Fu Nv Ren De Kai Yun Jin Nang

"我的那个婆婆啊,成心和我做对,我不爱吃芹菜和羊肉,这连你们也知道吧。可是我的婆婆却记不住,我和她说过不下三遍,她就是不当回事。上周,她做了一盘肉丝炒芹菜,我就告诉她我不喜欢吃这个,她却告诉我芹菜里含有丰富的维生素,吃了对身体好,还告诉我不能养成偏食的习惯。没办法,我只能勉强地吃了几口。更可气的是前几天,家里的饭桌不是炒芹菜,就是葱爆羊肉,搞得我昨天吃完饭之后就恶心的想吐。婆婆对此还特别有意见,低声抱怨说我口挑,一般人伺候不了,说的我那个气啊,一晚上我都没睡好……要是我妈就不会做我不喜欢吃的菜……"薇薇带着疲惫的神情却振振有词地罗列了一堆婆婆的不是和自己的委屈。

婆婆因为忽略了薇薇的感受而引起了薇薇的不满,尽管如此,她却不能像对待自己的父母那样发泄自己的不满。假设换成自己的父母,薇薇可以大声地说:"妈,你不是知道我不喜欢吃芹菜,快点,给我重做。"但是,对待婆婆,不可能有像对待自己妈妈的那种态度。当然,对于婆婆的种种回应或者评论,你也不可能当成妈妈般的"哄劝",甚至会像薇薇那样抱怨:"要是我妈就不会做我不喜欢吃的菜",就这一句抱怨,已界定了你和婆婆的关系永远都不可能像你和妈妈的关系一样。

一个聪明的女人总是能清楚地认识到:婆婆是他老公的妈,只是她的婆婆。既然是婆婆,那就要用对待妈妈不同的态度和方式来对待。婆婆就是婆婆,不要希望她像自己的妈一样对待你。有的人女人可能会认为:我是老公的人了,婆婆应该像对待老公一样对待自己,如果婆婆不够关心自己,那就不是一个好婆婆。当你有这种想法的时候,你是否想过,你把眼前的这个婆婆当成自己的亲妈来看待了吗?当叫她一声"妈"的时候,你是诚心实意的还是在装样子给别人看呢?这个问题回答不出来了吧,既然如此,那就不必要求婆婆能像妈妈一样关心爱护自

女人的「战场」

199

己了。

既然婆婆不是妈,那就要用一种不同于对待妈的方式来对待婆婆,这样有利于缓和彼此间的关系。

多向婆婆请教。经常性地向婆婆请教一些生活上的问题,比如说"妈,上次您做的那个红烧肉真好吃,就是在饭店里也吃不到这么好吃的红烧肉,您有时间的话,教教我怎么做,我学会了,好以后孝敬您。"、"妈,您的这盆花怎么养得这么好啊,我的那盆都快不行了,还是您有经验啊。"婆婆听到这话之后,肯定乐得合不拢嘴,高兴得把她的经验传授给你,说不定还会时不时为你送上她亲手做的红烧肉或者她自己栽的花。老人就是老小孩,是需要鼓励的,多夸夸,多说一些好听的话,婆婆听了心里舒坦,也就不会为难你了。

不要当着婆婆的面使唤老公。这可能是婆媳之间的矛盾被激化的一个直接诱因,当着婆婆的面,你可以主动地去干点家务活儿,表现得勤快一点,不要对老公呼来唤去,这让老人看在眼里,却乐在心里。如果你当着婆婆的面一会儿让老公去倒垃圾,一会儿让老公给你倒水,对老公指手划脚,想想婆婆心里怎么想,她可能会认为儿子在这个家根本做不了主,什么事都听你的,这些在婆婆的心里会造成不快,说不定什么时候还要给你个下马威,让你吃不了兜着走。当然话说回来,如果你老公当着你父母的面不停地使唤你干这干那,你父母的心情也是会不舒服的,他们同样会认为女儿在家里就是个受气包,生活过得不如意。所以聪明的媳妇懂得在婆婆面前对老公体贴有加、百依百顺,这也是赢得婆婆好感的一招。当然离开婆婆的视线后,你爱怎么使唤都行,那是你的权利。

在婆婆面前要多说老公的好话。在每个母亲的心里,自己的儿子永远是最优秀的,每个母亲都不愿意别人讲自己儿子的坏话,尤其是儿媳妇。如果你是一个聪明的媳妇,就应该在婆婆面前多赞扬一下你老公的

优点，不要数落你老公的不是，即使你婆婆故意数落你老公的不是，你也不要参与，尽可一笑了之，千万不能就坡下驴，要知道这时候对儿子的批评那也是对儿子的一种爱。

把撒娇留在卧室里。在婆婆的眼里，她儿子永远是孩子，就像我们在自己父母眼里一样。但婆婆不会把媳妇当作小孩子，在她眼里，媳妇已经是成年人，做事说话就得像个大人，这就是你在老公面前撒娇婆婆不高兴的理由。所以要撒娇也要回到卧室里，在婆婆面前尽量回避一下。

家庭和谐不和谐，就看家庭关系是否处理得好，而婆媳关系就是最重要的一层关系。当然，婆媳开战，总是在为鸡毛蒜皮的小事勾心斗角，最后是男人成了"夹心"，被嵌在中间左右为难。如果你心疼夹在中间的老公，为什么不和婆婆把关系处理好呢？一个聪明的媳妇、智慧的女人是最明白家庭的和谐对她意味着什么，家不和，业不兴，爱不深，那生活还有盼头吗？

还是回归本真吧

当今社会，提到美德，会被某些人嗤之以鼻或者不屑一顾，可无论社会怎么变，美德仍然是做人的根本。何况对于女人来说，一些美德像善良、温柔、宽容等更是女人为自己赢得福气的根本，所以这些美德我们还是要保留。本章中提到的6种天生最有福气的女人，你又是哪一种？

宽容：善解人意，得到的将是他人的感激

我们都知道要学会宽容别人，对别人大度一点，也总是试着要求自己去做一个大度的人，可是真正能做到的又有多少？在这个时代，谁都害怕被伤害，所以，尽管嘴上说要做个宽容君子，可是心里却并不是那么想的。尤其有的女人总是小心眼，经常为了一点小事对别人怀恨在心，不能释怀。

一个朋友告诉我：有一次去理发店，好不容易轮到自己了，却冲进来一个毛头小伙嚷着要给他先理，女理发员都没有征求自己的意见就为那个小伙洗头了。她感觉人格上受到了极大的伤害，一气之下拂袖而去，而且之后再也没去过那个理发店，甚至上下班从小店门前经过都不看一眼。

更有这么一类女人，说话总是尖酸刻薄，在与人发生争执时好揭人短，且不留余地和情面。这样的人常常冷言冷语，挖人隐私，她们之所以如此刻薄，就是因为心胸狭窄、看不起别人或者见不得别人比自己好。

有一次，在公交车上，听到有两个女孩儿对刚下车的女孩儿一顿狠批，说她的腿很短：看来她不能穿高帮皮鞋了，不然鞋帮要碰到屁股……还见过两妇人对骂，甚至诅咒对方出门遭人抢、开车遭人劫……刻薄，让人产生距离，充满冷漠。做人，为什么就不能宽容大度一点？即使一时的刻薄让你嘴上占了上风，却在无意中得罪了别人，这样的女人总是不会受到别人欢迎的，也许在别人眼里就像臭气熏天的臭虫，哪敢有人愿意接近你啊！

朋友万芳相约几个好友一起吃饭，席间，有几个朋友大大赞扬万芳的皮肤好，人也变得更加有韵味儿了，气质也更加优雅、更加丰姿绰约，几个月没见，活脱脱地像换了个人。总之，把万芳夸了个遍，而且她们还非常诚恳地向万芳询问保养秘诀。实际上，大家心里都非常清楚，任何人都不可能今年三十二，明年二十三，朋友们的赞美之词也实属客套话，但看得出她心里却美滋滋的，恍惚间感觉自己真的好像是有了沉鱼落雁之姿、闭月羞花之貌！欣喜之余，约我一起去逛商场，说是要为自己添置几件衣服，以不辜负自己的倾国倾城之貌。

当我们正高高兴兴地逛商场时，碰巧遇到她以前一个老同学阿芬。阿芬关切地询问万芳："是不是不舒服？还是过于劳累？脸色怎么这么差？看起来这么憔悴……"

同一个人，两种评价，后者的阿芬太直截了当并不是不好，只是有时候撒点谎如果能换来别人的开心也未必是一件坏事，说点好话有什么不可以的呢？实际上，有些事情大家都心知肚明，完全没有必要用尖酸刻薄的语言表达出来。你一定要说穿它是何用意？一定要扫人家的兴你才高兴？

做人为什么一定那么刻薄呢？为什么要那么尖刻？为什么不宽容一些，多一些肯定，多一些和善呢？

试着换位思考一下，假如别人对你语言尖酸、行为刻薄，你心里肯定也不舒服，那为何不收起你的尖酸刻薄，表现出你的宽容大度？任何时刻都要记住：对事不对人，对人要有情。

人们常常用大海一样的胸怀来形容度量大的人，我想一个女人的宽容大度首先面对的应该是自己的爱人。

你知道男人最怕女人的是什么？母亲的唠叨、情人的纠缠、妻子的管制、女儿的娇纵、女友的误解、女同事的挑剔。所以男人特别期待来自女人的宽容。宽容他的喜欢吹牛；宽容他的不讲卫生；宽容他在街头

上多看了一眼美女；宽容他有异性朋友；宽容他偶尔和朋友们一起消磨时光；宽容他不小心忘记了你们的结婚纪念日……实际上，男人有时候会犯点小错误，但纯粹是无心的，女人可以试着去宽容他。何况，维持婚姻不只是靠爱情，更多的是彼此之间的理解与宽容。没有矛盾的家庭是不存在的，家庭矛盾就像炒菜时的盐，不放没有滋味，放多了又受不了。在家庭中，多一分理解，多一分宽容，不去抱怨，消除隔阂。

有一个大学同学，在结婚前是非常随意的一个人，天马行空，独来独往，婚后却像变了一个人。有一次，我开他的玩笑说："看来你老婆真是调教有方啊，你这样一个人现在也居然恋家了。"同学笑了笑说："因为我遇到了一个宽容的女人……每当我深夜酒醉回家的时候，我都觉得对不起自己的老婆，如果她和我大吵大闹，我碍于面子肯定不会和她认错。但是，每一次她不仅不埋怨我，还会默默地帮我放洗澡水、拿睡衣、挤牙膏。有一次，我是凌晨三点到的家，大醉而归，怕吵醒她，我一个人跑到洗手间又呕又吐的，一会儿，客厅的灯亮了，她悄悄地走过来，温柔地对我说：'老公，我给你倒了杯牛奶，一会儿睡觉的时候，你把它喝了，对胃有好处……'就这一句话已把我感动的泪流满面。这几年，在我失意不开心的时候，她总是默默地关心我，支持我，每一次，从她眼里流露出来的都是宽容的眼神……"

从同学的眼神里能看得出来他很爱他的老婆，他也很幸福。我想他老婆的魅力就是来自于能够宽容别人，尤其是自己最亲密的那个人。

宽容不是无限制的容忍、妥协、迁就、纵容，虽然宽容有时需要迁就和忍让，但宽容更多的是爱，因为有了爱，所以宽容也是发自内心的。实际上，婚姻中的错误有时也会是一种营养，它的意义不是教会饮食男女们该如何谴责，而是教会该如何避免。

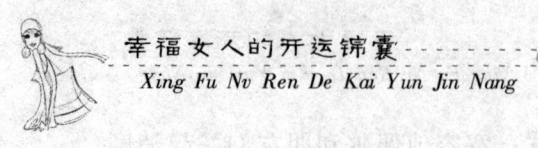

善良：善良女人有人爱

无意中在网上浏览到这么一则新闻，说是一个女人无故把一只猫放在自己的脚下，用她尖尖的高跟鞋狠狠地把那只可怜小猫的眼睛、鼻子、小嘴踩在自己的脚下……只能从图片上看到小猫已经被踩的痛苦的扭曲着嘴脸。一只可爱的小动物就在恶妇的脚下丧生了，血淋淋地让人惨不忍睹。更可气的是，当记者问起她为什么要做这件事的时候，她却一点都不在乎，并且说：我踩猫怎么了？又没踩人……

看完这则消息之后，我不由得打了个冷颤，是该可怜那只无辜的小猫呢，还是该可恨那个狠心的女人呢？在她美丽的外表之下，有一颗黑色的心。这样的女人，即使美若天仙，除了让人退避三舍尚心有余悸外，还能有什么感觉呢？她会以一颗爱心去对待她身边的人吗？

这就很好理解了，为什么天仙美女同样遭到男朋友的抛弃？在美色面前，为什么男人宁愿选择一个平凡的女人，不是说男人都好色吗？

没错，男人的确都好色，这是男人的本性，但男人除了好"色"之外，还好很多东西。对于一个素不相识的女人，第一眼，男人往往会注意到女人的相貌和身材，但是，最后能真正留住男人心的未必是美色。一个能理解自己的善良女人，往往最能打动男人，也是男人最愿意娶回家的女人。当然，在那些风月情场上，男人还是喜欢转围着那些魔鬼身材的美女打转转，但是如果要在感情上要动真格的，他们永远倾心于那些能够和他站在同一片精神领域地的女人。如果一个女人又美丽、又善解人意，男人肯定乐开了花，会舍命追到手，并像

对待宝贝一样来宝贝女人。

这样说吧，对于男人来说，遇到国色天香的美女，不过是一时的动心，碰上善解人意的女人，才是一世的舒心。所以，男人不会为了一时的动心而毁了一世的舒心。

在童话故事里，公主总是有一副好心肠，最帅的王子也正是被公主的善良所吸引。即便魔女们怎样百媚千娇使尽手段，他的心始终寄存在她的身上。可是在现实生活中，"公主们"却不稀罕这副好心肠，觉得善良是无聊又丢脸的事。但正是因为有这种认知观，才会让这些"公主们"吃了一个又一个的闭门羹。

我有一个表哥，一表人才，学识渊博，而且还经营着自己的一家建材公司，他既是典型的钻石王老五，又是一个时下对优秀男人最流行的称呼——儒商。这样的男人找个女朋友自然是轻而易举的事，当然，他周围的美女也是大把大把的。最后，家里人一致比较看好留过学、人也长得漂亮精干，而且又是书香门弟的一女子。就在两人准备订婚的前一个月，表哥突然反悔取消婚约。为此，家里人都在抱怨和责怪，当然，我也不例外，想试图说服表哥。表哥最后扔给我一句话：用鄙视的眼神看着街头的一小乞丐甚至想要上去踹他一脚的女人，这样的女人，你觉得我能娶吗？……

对于女人来说，美丽绝不是爱情的保险地带，善良却是爱情的安全地带。男人要的是一个贴心的女人，不是一个花瓶，也不是一个恶妇。在各大媒体、书刊、报纸甚至老百姓的口中，优雅、魅力、知性等等对女人的评价越来越多元化，但是再多的品味、再多的评价如果离开了善良，就谈不上是个好女人，甚至是一个恶女人、一个粗俗的女人。高高在上、嘴脸扭曲、尖酸刻薄的女人，纵使相貌再漂亮、再知性，对于男人来说也毫无吸引力，当然逢场作戏的除外。

幸福女人的开运锦囊

好女人总是与善良的天使相等同,但是无论什么时候要把善良和慈悲的心怀用对地方,否则便是毒药。像《西游记》中的唐僧有颗善良的心,但总是经不起女妖们的"楚楚可怜",于是给三个徒弟带来的是一个又一个的麻烦。唐僧的这种善良就是没用对地方,因为心软,错把姑息养奸当成及时行善。

在恋爱中的女人,因为善良,因为心软,有时候会不忍心拒绝自己不爱的男子,姑且将就,却不明白:这时候的心软是一种不负责任的表现。你不爱他,是对他的打击,可是跟他恋爱了却不爱他,则是对他的一种极大的侮辱,将来有一天因为不爱他而分手,给他带来的却是无尽的怨恨和伤害,甚至让他产生报复的心理:辱骂、恐吓,为什么你不愿意还要接受我?为什么你不早说?你就是个骗子!没想到自己的心软竟然造成这么多负担。如果不爱他,就尽快放手,不要拖泥带水,干脆利落地和他说清楚,越晚造成的伤害越大,于男人和女人都是一样。

有的女人为了维系一段感情,失去原则、失去自我的对男人心软,不断的满足对方,不断地为之付出,不断地对男人行善……这种过度的善良和心软以至于在一些男人的心里认为女人的付出是理所当然的。争吵矛盾不断,每次争吵过后,女人都心软的原谅了他,争吵越来越凶了,女人还是心软的原谅了他,都是为了这份感情。最后演变为只要稍不满意,男人就会像狮子一样的对女人动手,女人后悔了,当初为什么那么无原则的对他心软?到底是女人的通病纵容了男人?还是男人抓住了女人这个通病的弱点?

我们推崇做一个善良的女人,但无论男人还是女人,善良和心软都不能用错地方和时间,不能心软得失去了自己的原则、失去自我,这样最后伤害的还是自己。

还是回归本真吧

当今的社会，讲求物质时尚，提到善良一词会被某些人嗤之以鼻、不屑一顾，可无论社会怎么变，善良总是做人的根本。对于一个女人来说，更是如此。当用金钱、容颜来挽留自己的美丽时，为何不用善良来书写永恒的美丽？当用善良书写自己的美丽时，何不用理性的心情去权衡这种美丽？

还是回归本真吧

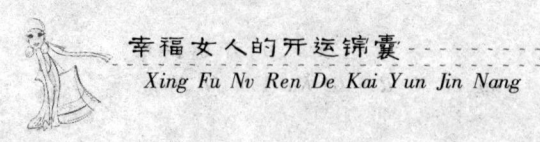

快乐：需要自己去做个决定

但凡女人都不会拒绝快乐，也都希望自己能快乐起来。有些女人，好像与生俱来就有许多快乐的因素；而有些女人，一生抑郁，好像注定与快乐无缘。实际上，快乐很简单的，快不快乐都需要自己来做这个决定。

我们往往有这样的体验，比如失恋了，一直沉溺在忧郁与消沉的情境里；股票失利，损失了不少金钱，心情苦闷提不起精神；同事总是有意无意地讥笑自己太胖，真是可气；老公每天不到十二点绝不回家，想想就来气；孩子又挨老师批了，这小兔崽子又做什么坏事了，回家收拾他……哎，随便一想，就能找到一箩筐不快乐的事情，实际上，你已经决定了自己的心境是不快乐的，也就是说你自己本身就剥夺了快乐的权利，所以，你不快乐。

一个人的快乐与否和外界根本没有一点关系。对那些内心充满阳光快乐的人来说，即使阴雨连绵，她的内心也是快乐的；而对于那些内心充满阴霾的人，即使阳光洒满大地，她的心也是灰暗的，始终感受不到快乐。所以说，当内心快乐时，地狱也是天堂；当不快乐时，天堂就是地狱。这也完全在于自己的一个决定。

妮妮做梦都想去浪漫之都——巴黎，她总是对她的朋友说："要是能去巴黎玩玩就好了，哪怕几天也行。"在和家人商量之后，妮妮终于决定去了。她把这个消息告诉了她所有的朋友，她快乐地欢呼着，每天都在盼望能早点去。"再有两星期就可以去浪漫之都——巴黎了！"

"再有一星期就能看到埃菲尔铁塔、卢浮宫了……"

几星期后,她度假回来,朋友问她是否玩得开心。妮妮却很无奈地说:"一直以来,去巴黎是我的梦想,梦想虽然实现了,我怎么一点都不开心啊?巴黎很大,每天要去两三个地方,把我的脚都磨破了,还有我的皮肤都晒黑了。都说巴黎是浪漫之都,听到'浪漫'这个词都能让人感觉到一种快乐,可是我怎么一点都不快乐啊?我感觉自己要发疯了,我真希望自己从来就没去过那里。到底是哪儿出了问题呢?"

这是很多人都有过的经历,总以为去什么地方就会令自己很开心,比如像妮妮一样,总以为去了梦寐以求的巴黎自己的心情会好一些,可是,结果却不如想象中的那么开心。

这是怎么回事啊?是巴黎不够浪漫吗?埃菲尔铁塔不够雄壮吗?巴黎的美食不够吸引人吗?

其实快不快乐和外界一点关系都没有,关键在于自己的内心。如果内心很压抑、很气愤,即使是去了天堂,去了世界上最美丽的地方,依旧不会开心,心情仍会继续沉闷。相反,如果心情本来就很快乐,就算处在偏僻的山村里,也会觉得其乐无穷。也就是说,一个人是否开心,不在于他身处什么环境中,而是由他的心境决定的。

外界的环境本来就是一个中立的世界,而发生在我们身边的只有事实,事实本身是没有好坏之分的。如果非要分出好坏来,那也只是我们的心里给它的一个定义。高兴也好,难过也罢,都是我们内心的感受而已。

生命数十载,快乐呈点状分布,点与点之间漫长的线段,就是不快乐的部分,甚至可以说,是苦恼的部分。每个人的点与线的比例,跟金钱、地位无关,主要是跟心态有关。

当你满心期待外面的世界能使你幸福快乐时,你却设置了自己的不幸和苦难,你使自己成了你不能控制的环境的牺牲品。然而,快乐属于我们每一个女人,需要我们自己主动地去维护、去经营,这样,我们的

内心才会永远充满着一种幸福感。

所以说，快不快乐需要自己来做这个决定，你决定快乐，你就会快乐；你决定痛苦，你就会很痛苦，完全在于自己的选择和决定。

也许有的女人会抱怨，做一个女人多不容易啊，每天有那么多不顺心的事情，能快乐起来吗？是的，不顺心的事情的确太多了，但仔细分析一下，是事情太糟糕了还是自己的心情太糟糕？……老板那张黑脸难道是针对你吗？同事是在讥笑你还是在同你开玩笑？老公每天那么辛苦的工作，你是应该对他发火还是应该给予他关心啊？没问孩子，你怎么就知道是孩子做错了呢？……是的，不是事情糟糕透顶，而是你的心情糟得一发不可收拾。

现在，收拾起糟糕的心情，不能让自己的记忆变成一个装满痛苦的垃圾桶，唯一的办法就是选择遗忘。一位心理医生曾经说过：如果我们每天都给自己来个心灵上的清洗，那么，我们的诊所就会减少求诊的人。也就是说，一个人要想长期保持快乐的心态，最有效的一个方法就是从心灵思想中把所有老旧、病弱、衰亡、无精打采、不快乐的想法清除出去，只有把秽物清除出去，才能腾出空间去承载更多的快乐，因为空间毕竟是有限的，痛苦少一些，那么快乐自然就多一些；如果痛苦装满了整个头脑，哪还有空间去装载快乐。

要让周围的人快乐起来，先让自己快乐起来。因为快乐具有一种感染力，自己的快乐可以感染别人，给别人带来快乐，这本身就是一种快乐。而且，我相信，你的先生、家人及周围的朋友也不希望看到一个委靡不振、垂头丧气的怨妇，他们更愿意看到的是一个快乐的天使。

坚强：让男人对你另眼相看

在"男尊女卑"的旧社会，女人总是被扣上脆弱的帽子，就如同男人总是坚强的代言人一样，实际上，这种现象在新时代也仍是屡见不鲜。我记得几年前，曾在一个媒体上看到这么一则报道：在广州的一个广场举行了一场别开生面的"背老公激情大赛"，台上多名女性在烈日炎炎下接受了这场"肩挑老公"的挑战，使出浑身力气背起自己的老公，以证明女性更坚强。最后，一对夫妇不负众望，以背三小时的成绩夺得冠军，拿走了奖金和奖品以及观众的欢呼雀跃等战利品。

看到这个报道后，我就对坚强一词心生怀疑，坚强是指强大有力、不可动摇或摧毁，比如意志坚强、坚强不屈之类的，也是指磨炼人的意志和毅力。按照这则报道的说法，是把力气和坚强等同起来，那么力气大的人岂不是坚强的代言人了？力气小的人再想坚强也坚强不起来了？试想，一个力大如牛的女人如果经不起生活的风风雨雨，这样的女人还能算得上坚强吗？主办方办这样的活动总是有它的意图和意义，只是把力气大的女人定格为坚强的女人实在是有点滑稽和哗众取宠，不过据报道称此活动获得了台下不少观众的欢呼击掌，也许这就是主办方最大的目的。

言归正转，如果把力气定格为评定坚强的标准，我想出于生理原因，女人注定要比男人脆弱，注定是弱者的代名词，这好像无疑是在说女人天生就不可以坚强。先不说新时代坚强的女性有多少，就是在旧时期，那种全身彰显力量、更让男人刮目相看的女子也是存在的，就如我们的著名女词人李清照，她早年丧夫，流落他乡，晚年生活凄苦，曾改

嫁,并因状告丈夫而下狱,遭遇非常不幸,但她还不是生活得好好的吗?还不是以她的生活创作了很多著名的词作吗?不得不承认,这种女子是坚强的、强大的,她并不像我们某些人,经不起生活的打击和磨难,动不动就想到自杀,反而她以消瘦的身躯坚强地生活着,不得不佩服她的这种意志和毅力。

前段时间重新温习了一遍《女人本色》、《生活秀》这两部影片,《女人本色》这部影片的大致内容是讲述一个女主角在十年间经历的悲欢离合,她承受的打击超出一般人的想像:老公在金融风暴中破产而车祸身亡;公司裁员,上司为了自保而勒令她辞职;SARS病毒又无情地夺去了她唯一儿子的生命……这是十年间生活赋予一个女人的一切。

与这部影片所不同的是,《生活秀》这部影片讲述了生活中的一些琐碎的事:十几岁的时候就独自一个人撑起家;中途遭遇婚变后一个人靠卖鸭脖来维生;弟弟吸毒她要管,弟弟女朋友自杀她要管,家里房子被人占了她也要管……

将两部影片比较着看完,不得不承认,女人有时候真的比男人坚强,而且女人也同样需要坚强。实际上不论是男人还是女人都要独立地去面对和承担生活,就是小孩子在摔跤跌倒的时候,如果父母不在身边,他也要学会坚强的站起来,更何况是成年人。

男人喜欢温柔的女人,可是男人也希望自己的女人懂事、独立,他们也不愿意一味地做父亲、哥哥的角色,有时候他们对儿子、弟弟的角色也不排斥。他们也有累的时候,也需要肩膀做短暂的休息,这时候就需要女人坚强地撑起半边天来。

温柔的坚强着、柔中带刚是对女人的最好诠释了。只是有的女人过于坚强,一点都不给男人表现的机会,她们以为越是艰难,自己越要坚强,在男人伸手帮她的时候,总是犹豫,怕拖累男人,怕男人看不起自己,但她们的内心深处还是很希望男人能拉她一把,只不过是自己太要

强、太坚强，尤其是在自己男人的面前。

有一个故事，说是一个女人生意失败了，不仅要支付客户高昂的赔偿款，还得支付生产费用。为了还清这一大笔债，女人变卖公司，还得卖房卖车，最后倾家荡产也没凑够这笔费用。

在关键时刻，女人以前的一个男同学站出来说是要帮女人渡过难关，但男人的好心却被女人断然拒绝了，而且女人镇定自若地给出一个理由：我没事，能应付过来，不需要你的帮助，谢谢你的好意！

女人的假装"坚强"却始终没被男人识破，出于对女人的尊重，男人也没再勉强！

故事中的男人是不懂得女人的心，而女人往往口是心非，当她拒绝男人的帮助的时候，在她的内心深处其实是非常渴望男人能帮助自己，她只是想"试探"一下男人，没想到，男人是如此经不起"试探"。

仔细想想，在最危难的时候为什么要假装"坚强"？为什么要在男人面前逞强？当你跌倒，一个愿意帮助你的男人伸出手来，你为什么要怀疑他、试探他、问他这手能伸多久？你为什么不抓住他的手借他的力先站起来呢？我想这个时候的"坚强"已是伪装出来的，让男人远离自己，不愿让男人看到自己的软弱，总是要在男人面前呈现出一种坚强的个性。男人的远离也是因为觉得你太坚强、太强势而不需要男人的保护，他们会认为自己留下来也是多余的。实际上，这已涉及男人的心理，大多数男人总是喜欢在关键时刻表现出自己的大男人气质，希望保护软弱的女人，想挺身而出为女人挡下子弹，如果女人不解男人心意的话，面对的只能是男人远离的现实和结果。

实际上，有很多优秀的女人，她们美丽、坚强，像珍珠一样烁烁生辉。但是天总有不测风云，在跌入人生低谷的时候，她们像陨石一样没落。究其原因，就是她们不善于在遇到危难的时候抓住一个男人的手，这种女人坚强，遇到事情喜欢自己扛，不希望让别人看到自己的软弱。

在男人面前，她永远都是那半边天，甚至还多。即使在最危难的时候，她们也会把自己光鲜的一面展示在男人面前，却在没有人看见的角落里独自舔舐伤口，独自承受着伤心、恐惧、害怕，她们把自己全都藏起来。其实，何苦这么和自己过不去？

女人确实需要坚强、独立，但在自己束手无策的时候，还要学会依靠可以依靠的一切力量。

还是回归本真吧

珍惜：会呵护，不让已有的幸福流失

小妹最近在QQ上和我聊天，告诉我她最近烦得很，相亲无数，一个都没成，这马上又要过年了，就是30岁的大龄剩女了。

"姐，我最近快烦死了，为什么就是找不到合适的对象呢！"这是她近期经常说的一句话。

"那个男孩儿不是不错嘛，怎么又不处了？"我无奈地敲打着键盘。

"他长相不好，越看越不顺眼，实在是受不了了！哎，为什么老天总爱捉弄我？相了这么多次亲，为什么就没一个好的啊？你看我同事的老公，有钱、长相帅气，还待人特别和气，都快羡慕死我了！我什么时候能找一个这样的老公啊！"小妹每次总是能找出各种各样的理由。

"是嘛！你认为她们幸福吗？也许你看到的只是表象而已，每个人都有自己不为人知的苦恼和困境，在面对这些困境的时候，有的人善于转化，而有的人则只善于抱怨和埋怨。就像你找对象，虽然长相不是他的优点，但是人家工作能力强，说话幽默，而且最关键的是对你特别真诚，这些特点你同事的老公未必都有吧？你为什么就没发现这些，却总是盯住他的缺点不放？所以说，不要再埋怨了，要学会珍惜现有的幸福，而且你再仔细看看，他身上的优点还真不少呢！"我安慰着小妹。

"也许吧，他的确有这些特点，但我以前怎么就没发现呢……"小妹快速的给我发了个可爱的表情。

……

和小妹聊完天后，我的脑海里就迸发出朱德庸的一幅漫画，说的是一个人看透了生活，看透了红尘，觉得活着没什么意义，于是，一念之

幸福女人的开运锦囊
Xing Fu Nv Ren De Kai Yun Jin Nang

下,从11楼跳下去。当他跳下去的时候,看到10楼以恩爱著称的夫妇正在互殴;看到了9楼平时坚强的男子汉正在偷偷哭泣;看到了8楼的阿妹发现未婚夫正在和好朋友上床;看到了7楼平时很快乐的小姑娘正在吃抗忧郁症药丸;看到了6楼的小伙还是每天看报纸找工作;看到了5楼受人敬重的王老师正在偷穿老婆的内衣;看到了4楼的伯伯每天都盼望有人来探访……在他跳下之前认为自己是全世界最倒霉的人,现在才知道每个人都有不为人知的困境,看完别人的境况之后深深觉得其实自己过得还不错……

不管现实生活怎样,都不应该抱怨,而是要靠自己的努力来改变现状并获得幸福、珍惜幸福,更何况,幸福是比较而来的。想想那些比你更不幸的人,当你有面包吃的时候,也许他们正在为下一顿饭而发愁;当你有精装的房子住的时候,也许有些人正流落街头;当你正在为未来奋斗的时候,也许他们正在投着一份又一份的简历满大街的找工作;当你有老公疼爱、有儿子欢呼的时候,也许有的家庭正面临着解散的危机……和这些人比较起来,你说你幸福不幸福?答案当然是肯定的,因为尽管你的生活并不是很富裕,但起码你有一个可以养活自己的工作;虽然没有豪华的洋房,但却有个自己累了的时候可以好好休息的地方……你拥有的这些,也许对别人来说还是可望而不可及的,他们正偷偷的羡慕你呢!所以说,你没有理由不幸福。

如果懂得珍惜眼前的一切,就会获得幸福感;如果总是不满足眼前,总是不知足,这样的生活是谈不上任何幸福的。在我的身边,经常有女性朋友抱怨,"他老公多帅啊,我怎么就没福气嫁给这么有风度的老公啊?""他老公自己开公司,一年能赚一百万呢!我老公真没用,一年下来也赚不了多少。"为何你这么好,而我却处在水深火热之中,于是,心里就失去了平衡,无形中也给自己增加了烦恼与痛苦。实际上这些都是表面现象,至于过得好不好,只有自己知道,因为每个人都有

还是回归本真吧

自己的难处和困境。

我想真正获取幸福的人,是那些懂得珍惜现有生活的人,懂得珍惜眼前人的人。

多年前,我去一个女性朋友家中做客,说是去她家,实际上就是去她们一家三口在北京租来的"家":两间简陋的平房,一间用来做卧室,一间的一半用来做厨房,另一半用来做客厅,条件简陋至极,如果把幸福定格为物质生活富不富裕,我想她离幸福的距离还差十万八千里。在和这位女性朋友聊天的过程中,我总是小心翼翼,生怕自己一字之错而戳穿她的痛处,但女性朋友的热情和积极以及她们三口之家的和谐快乐打消了我的疑虑,从她的表情中能看出她很幸福,虽然现有的物质生活有些匮乏,但她很珍惜眼前的生活,也很疼爱眼前的人。

有的女人总是能为自己的快乐找到理由,她们不生气,也不抱怨,只会默默地守候着自己拥有的幸福,用心去感受,用心去关注和呵护,简单的说,就是用心去爱,爱父母、爱老公、爱孩子,坚守着珍惜眼前幸福的信念,不让已有的幸福流失,这本身就是一种快乐。

每个女人都想追求幸福的生活,可却往往忽略了珍惜的过程,实际上,幸福离我们并不遥远,幸福就在眼下,只要去珍惜、去呵护,幸福就会迎面而来。珍惜不是随便挂在嘴边的一句话,也不是刻在桌边以警诫自己的一个座右铭,珍惜需要去用心去做,只要用心去感受就能获得幸福了,自然也会成别人眼中福气自溢的女人了。

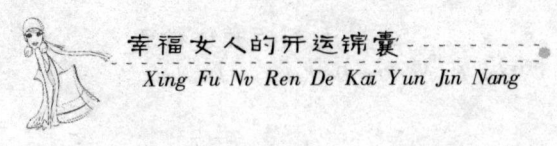

温柔：由内而外散发出的一种情愫

小时候，妈妈就告诉我：你是女孩儿，要举止端庄，温柔娴熟，这样长大了才能嫁个好老公。那时，总是听不懂这些，也不能够理解什么是温柔，更不理解为什么女人一定要温柔？有时候甚至还固执的认为：为什么让自己显得那么柔弱啊？为什么不能像男人一样大大咧咧、血气方刚啊？这些奇怪的想法一直伴随着我长大，直到成年，我都不太理解什么是温柔，甚至把温柔和柔弱、嗲声嗲气联系起来，林妹妹那种柔弱的样子是温柔？林志玲嗲声嗲气的发音是温柔？……

一次，陪同一个女伴去听一位女性专家的演讲，期间，在谈到女人该如何处理好两性关系时，女伴非常诚恳地问了专家一个问题：我真的已经非常留意自己说话的方式和语气，而且姿态低得连我自己都不认识自己了，可是他为什么还是不领情啊？对我的态度好像比以前还糟糕。

专家给出了这样的回答：温柔不是柔弱；不是装嫩；不是学着嗲声嗲气的说话；不是练就哀怨动人的眼神；不是凡事委屈自己而迁就别人做个低声下气的小媳妇；更不是刻意穿低胸装。温柔是一种随心而为，是来自骨子里的情愫，是一种心情……简单地说，温柔就是由内而外散发出的一种心情，是身体和心理的一种自然反应。

多么好的回答啊，一语道破了温柔的内涵，顿时也解决了很多女人的疑虑，也解决了我多年来的困惑。像林妹妹的柔弱，林志玲的嗲声嗲气，都是骨子里散发出来的一种情愫，是由内而外散发出来的，

不是外在强加压力下的衍生品,更不是刻意所为,所以,她们身上的柔弱和嗲声嗲气就被看作是一种吸引人、更吸引男人的温柔可人气质。

温柔不需要刻意去学习和效仿,也不需要去饰演和作秀,如果过度模仿、过度的作秀就如同东施效颦的东施一样丑态百出,其效果也是可想而知的。温柔就是发自内心的一种情愫,是愿意为之、是不忍伤害,这就如同新生妈妈对待一个刚出生的宝贝,我们是因为爱他,怕弄疼他,才会动作柔和,怕伤到他柔嫩的小脸蛋和小脚丫,才会委屈自己臂弯的肌肉和骨骼以让怀中的宝贝尽可能的舒适;因为爱他,才会对他极尽可能的低声细语;也是因为爱他,才会像大小孩似的陪他玩游戏……所有的这些,就是一种愿意而为之的情愫,也是一种不忍伤害的情愫,都是因为爱,发自内心的爱。

这些都足以说明温柔的内涵,温柔对于女人来说,是发自内心的一种情愫,而对于男人来说却是享用终生的。一位诗人也曾说:"女性向男性进攻,'温柔'常常是最有效的常规武器。"女人温柔的表现形式多种多样,有的善解人意、温文尔雅;有的纯情、热烈;还有的温顺、含蓄。每一种温柔都沁人心脾、醉人心肺,让男人爱不释手。就连贾宝玉都曾经说过"女儿是水做的骨肉,男人是泥做的骨肉。"泥巴中再加入水,更是一滩稀泥,哪里还有半点儿的抗拒力?

聪明的女人总是用自己温柔的杀手锏去对付眼前的男人,不仅让男人享用,自己也快意。有时候温柔的女人虽然貌不惊人,但是高山流水、水滴石穿,再强硬的男人都禁不住女人那温柔的眼神!

无论温柔是何种表现形式,也无论温柔是多么的快男人的意、合男人的心,女人那种恰到好处的温柔都是发自内心的一种情感,也是因为爱他,才会小心翼翼地呵护他:为他做可口的饭菜是因为不忍心看他挨饿;人前给他足够的面子是因为不忍心看他尴尬;工作失意时

安慰他是不忍心看见他意志消沉、落魄潦倒……这些都源于爱,是因为爱眼前的这个男人,所以才愿意使尽浑身解数把温柔的爱倾情奉献给这个男人。

说到这里,让我想起了身边的一对夫妇,每次和他们凑到一起,我都害怕见到当众奚落先生的那位女士。有一次,七八好友闲来无事相约喝茶,这对夫妇也相约参加。期间,她先生要发表议论时,她都会很"友善"的提醒他:"念错一个字,应该是……"、"直接说重点"、"这么多年来,你的乡音怎么还没改掉"……这位女士像是在提醒一个做事不利落的孩子,给他指正缺点。尽管说话语气并不凶悍,态度也算温和,甚至还带着迷人的微笑,可是,整个下午,我都看见那位先生一直低头喝茶,没再说过一句话,像是一个被嘲笑的孩子孤立无援。实际上,这位女士此番话语一出,我都感到极其的尴尬,因为我们在座的朋友都看到了先生的不自然,纵使有时候这位女士的心是善良的,说者无意,但听者有心。

我不知道那位女士是出于什么心理,如果我是那位女士,我想我会听他默默的阐述,做他最忠实的听众,而不是盛气凌人对他指手画脚告诉他哪里做得不对,哪里还需要改进,我要让他在别人面前有个强大的形象,起码相对于我来说。当然,我更不会与他唱反调,我会支持他,尽管我知道他有很多缺点。我想,如果那位女士能这么想,他的先生也不会像受了伤的孩子闷头不语。实际上,他的这一举措已饱含了很多信息:受到伤害、孤立无援、没有面子……可是,那位女士却偏偏没有读懂,反而时时处处与他唱反调。

记得一位男性朋友曾和我说过,说他喜欢乖巧、听话的女孩子,何谓乖巧、听话?我想他中意的就是一个与那位女士正好相反的女孩儿,不与他唱反调,会支持他,永远都是他最好的听众。这种女孩儿

到底是什么样的呢？比如同样在上述的这个场景，这种女孩儿面对滔滔不绝的丈夫，尽管有时他会说错话、用错词，甚至还会颠三倒四，但她只是默默一笑、认真倾听、做他最忠实的听众和粉丝……也许这位男性朋友要的就是这种感觉吧，乖巧、听话也就是极尽的温柔，这种温柔就是一种体态语言，一个眼神、一个动作就足以见证。

还是回归本真吧